수와 **연산** 이야기

생각하는 초등수학

수와 연산 이야기

ⓒ 바바 요시카즈, 2014

초 판 1쇄 발행일 2007년 8월 6일
개정판 1쇄 발행일 2014년 8월 4일

지은이 바바 요시카즈
옮긴이 고선윤 **그린이** 신숙
펴낸이 김지영 **펴낸곳** Gbrain
마케팅 김동준 · 조명구 **제작 · 관리** 김동영

출판등록 2001년 7월 3일 제2005-000022호
주소 121-895 서울시 마포구 어울마당로 5길 25-10 유카리스티아빌딩 3층
(구. 서교동 400-16 3층)
전화 (02)2648-7224 **팩스** (02)2654-7696

ISBN 978-89-5979-327-3 (64410)
978-89-5979-331-0 SET

• 책값은 뒤표지에 있습니다.
• 잘못된 책은 교환해 드립니다.
• Gbrain은 작은책방의 교양 전문 브랜드입니다.

그림으로 원리를 알 수 있는

수와 연산
이야기

바바 요시카즈 **지음** | 고선윤 **옮김** | 신숙 **그림**

Gbrain

기본개념부터 원리 이해까지,
숲과 나무를 동시에 볼 수 있도록 구성된 책

"수학을 좋아하나요?"

"아니요!"

"왜요?"

"어려워서요!"

학교 현장에서 학생들과 대화를 나누다보면 종종 수학이 어려워서 싫다고 하는 말을 자주 듣게 된다. 이런 말을 들을 때 마다 학생들을 가르치는 교사로서 안타깝고 답답할 때가 많았다. 그러나 〈생각하는 초등수학〉이라는 책을 접하고 그동안 답답했던 마음을 해소해 줄 수 있는 방법을 찾은 것 같아 무척 반가웠다.

〈생각하는 초등수학〉 시리즈 중 《수와 연산》은 초등학교 수와 연산 영역의 기초부터 중학교 소인수분해까지의 내용을 초등학생들이 쉽게 이해할 수 있도록 그림으로 설명하였고, 학생들과 친숙한 실생활과 관련지어 생각하도록 구성하여 학생들이 쉽게 이해할 수 있도록 하였다.

트래프톤Trafton, Paul R.과 슐테Shulte, Albert P.는 '초등학교 수학을 위한 새로운 방향'에서 '수학은 모든 것에 의해서 배울 수 있다'고 했다. 초등학

4

생을 위한 수학은 학생들의 현실 생활과 관련지어 생각하는 것이 효과적
인데, 〈생각하는 초등수학〉은 생활과 관련된 예를 제시하여 학생들이 쉽
게 배울 수 있도록 돕는다.

초등학생들의 특성상 현실에서 직관하거나 구체적인 조작 활동을 한
것을 곧바로 개념으로 정의하기보다는 현실과 개념의 중간 과정인 '모
델만들기' 과정을 거침으로써 보다 의미 있게 개념을 이해할 수 있다.
〈생각하는 초등수학〉은 이러한 초등학생의 특성에 적합하도록 그림을 활
용한 모델만들기 과정을 거쳐 학생들이 학습할 내용을 정확하게 이해하
도록 한다.

〈생각하는 초등수학〉 시리즈는 숲과 나무를 동시에 볼 수 있도록 구성
된 책이다. 특히, 수에 대한 기본적인 개념부터 수의 연산에 대한 전체적
인 원리이해까지 이 책을 통해 가능하다.

이 시리즈는 수와 연산에 대한 기본원리의 이해가 부족한 학생들과 수
와 연산의 영역을 체계적으로 정리하고자 하는 학생 모두에게 많은 도움
을 줄 수 있는 책이라고 할 수 있다.

유재삼 구룡초등학교 선생님

논리적 사고력 향상을 위해 수학은 기본입니다

"수학을 왜 공부하나요?"

초등학교에서 20년이 넘게 아이들을 가르치면서 첫 번째 수학시간에 수학에 대하여 질문을 해 보라고 하면 아이들이 가장 많이 하는 질문입니다.

수학은 왜 공부해야 할까요?

초등학교의 고학년만 되어도 가장 하기 싫은 과목 1위 또는 2위를 다툴 정도로 학생들에게 학습에 대한 부담으로 작용하지만 사실 수학은 우리가 살아가는 데 매우 유용한, 꼭 배워야 하는 학문입니다. 일상 생활과 사회의 여러 가지 현상 중 수에 관계된 것을 체계적으로 간결하게 표현하는 학습을 통하여 수학적 감각을 키우고 논리적 사고력을 향상 시키기 위해서는 반드시 수학을 공부해야 합니다.

"수학 공부를 잘 하려면 어떻게 해야 하나요?"

이 질문은 초등학교 4학년 학생들이 자주하는 질문입니다. 우리

나라 사람들은 수학을 잘하는 학생을 공부를 잘 하는 학생으로 알고 있습니다.

그래서 어린 학생을 보면 "수학 잘 하니?"라고 묻는 경우가 많습니다.

초등학교에서 수학이 어려워지기 시작하는 때가 4학년 때입니다. 4학년이 되면 큰 수, 분수와 소수를 학습하고 좀 더 복잡한 문제를 해결하는 학습을 하게 되어 이해가 부족한 학생은 수학 성적이 떨어지는 경우가 많습니다. 이는 수학의 원리에 대한 이해의 부족으로 인한 현상이라 할 수 있습니다.

수학의 각 영역에 따른 기본적인 원리를 이해하고 이를 수식으로 나타내는 것을 통하여 고등수학을 공부하는 기초를 이룰 수 있습니다.

따라서 〈생각하는 초등수학〉 시리즈를 통하여 초등학교에서 학습하는 수학의 영역에 따른 원리를 확실하게 이해하면 중학교와 고등학교에 진학해서도 수학을 좀 더 잘 이해하고 문제 해결을 잘할 수 있는 지름길이 될 것입니다.

최 광호 서울교대 부설초등학교 선생님

수의 구조

수의 연산 1 (덧셈·뺄셈)

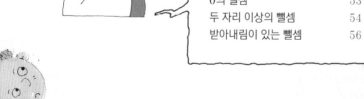

수와 연산은 수학의 시작입니다. 따라서 원리와 개념을 잘 알아두면 수학이 좀 더 쉽고 재미있게 느껴질 것입니다.
논리적 사고력과 모든 생활의 기본 개념을 튼튼히 할 수 있는 만큼 잘 따라 와 주기를 바랍니다.

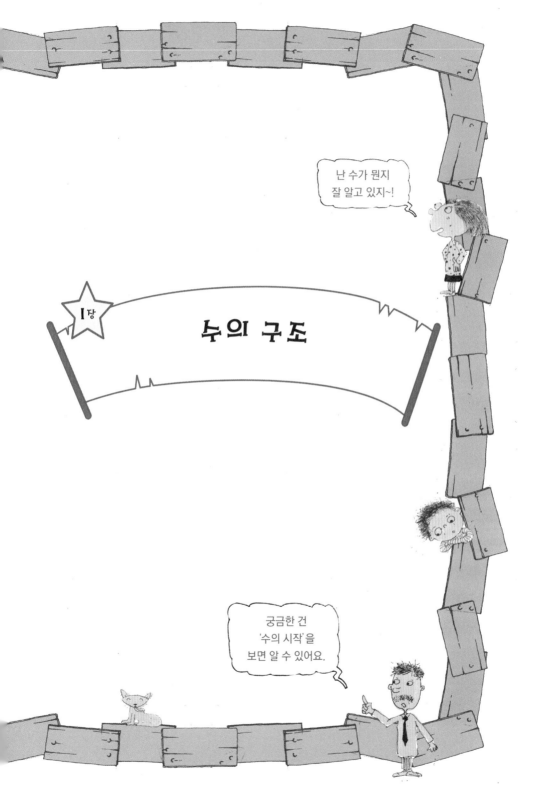

난 수가 뭔지
잘 알고 있지~!

Ⅰ장

수의 구조

궁금한 건
'수의 시작'을
보면 알 수 있어요.

수의 시작

　사람들은 아주 오래전부터 수를 세었습니다. 너무나 오래전의 일이라 언제부터인지는 알 수 없습니다. 사람들은 사냥한 짐승, 주운 나무 열매, 기르는 가축의 수 같은 것들을 세었습니다. 이처럼 여러 가지의 수를 센 이유는 다른 사람에게 전하거나 기록해둘 필요가 있었기 때문입니다.

　사람들이 수를 세기 시작했을 무렵에는 '2'나 '3' 정도까지밖에 세는 말이 없어서 그 이상의 큰 수는 '많다'라고 했습니다. 지금도 셋 이상의 수는 '많다'라고만 표현하는 민족이 있습니다.

셀 수 있는 말이 없다고 해서 그들이 '3'이나 '4', '5'보다 큰 수를 모르는 것은 아닙니다. 또 까마귀나 꿀벌을 보면 조금은 수를 아는 것 같습니다. 그렇다고 까마귀나 꿀벌이 사람처럼 수에 대한 말을 쓰고 있다고는 볼 수 없습니다.

우리들은 아래의 그림을 보면, 수를 세지 않아도 어느 쪽이 더 많은지 알 수 있습니다. 옛날 사람들도 수는 셀 수 없지만 한쪽이 다른 한쪽보다 많은지 적은지는 알 수 있었습니다.

줄넘기줄이 모자라는구나.

저도 주세요.

양이 모자라네.

많은 사람들이 모여서 생활을 하고 나라가 만들어지면 큰 수를 쓸 일이 생깁니다. 이때 백이나 천, 만이라는 수가 만들어졌습니다. 이집트, 바빌로니아(지금의 이라크), 중국 등의 나라에서는 지금부터 수천 년 전에 문자가 만들어지고, 숫자가 탄생했습니다.

9까지의 수

어린이	새	사과
책	달걀	성냥개비
금붕어	수모형	물건들을 대표해서 수모형을 사용합니다. 2. 9까지의 수

　여기에 있는 물건들은 모두 다르지만, 공통점이 하나 있습니다. 그 렇습니다. 모두 같은 수입니다. 이것을 '3'이라고 쓰고, 삼 또는 셋이

라고 읽습니다.

이 책에서는 여러 가지 '물건'을 대표해서 수모형(정육면체나 정사각형)을 사용합니다. 그리기도 쉽고, 나열했을 때 그 수를 확실하게 알 수 있기 때문입니다.

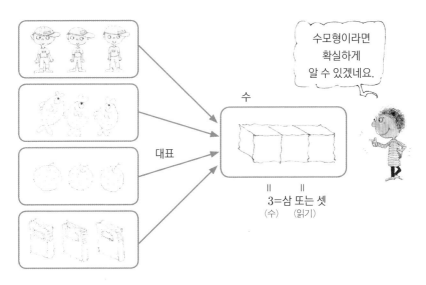

고양이, 새, 집, 빵, 시계 등도 '수'로 생각하면 모두 수모형으로 바꾸어 생각할 수 있습니다.

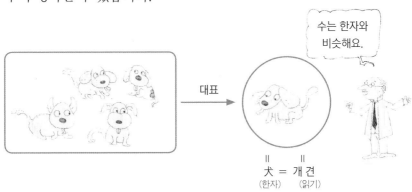

3 이외의 수는 다음과 같습니다.

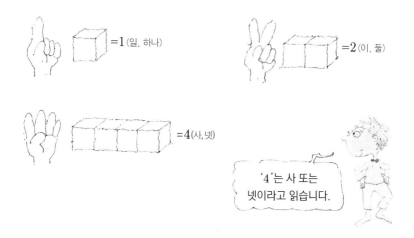

'4'는 사 또는
넷이라고 읽습니다.

수모형은 어떻게 나열해도 상관없습니다. 알기 쉬운 것이라면 어떤 모양의 수모형이라도 좋습니다. 여러분이 직접 수모형을 만든다면 정육면체보다는 정사각형의 수모형이 간단합니다.

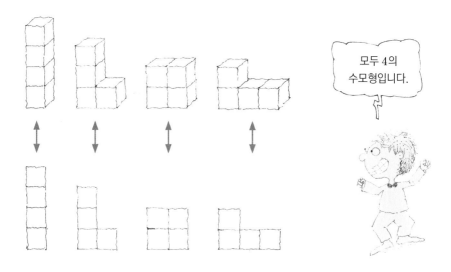

모두 4의
수모형입니다.

숫자는 그 외에도 더 있습니다.

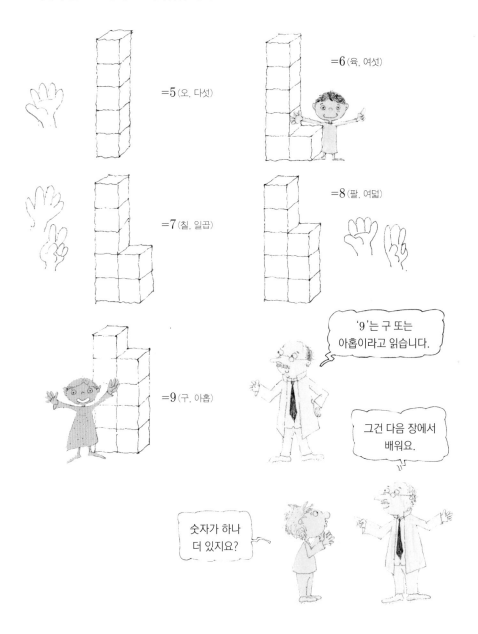

=5 (오, 다섯)

=6 (육, 여섯)

=7 (칠, 일곱)

=8 (팔, 여덟)

=9 (구, 아홉)

'9'는 구 또는 아홉이라고 읽습니다.

그건 다음 장에서 배워요.

숫자가 하나 더 있지요?

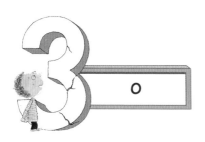

0

어린이	새	사과
책	달걀	성냥개비
금붕어	수모형	

수모형이 없어요.

네모 안에 글자로 써 있는 깃, 즉 어린이, 새, 사과 등은 한 개도 없습니다. 한 개도 없는 것 역시 수입니다.

$$= 0 {\small (영)}$$

수모형이 0개입니다.

이제까지 배운 0에서 9까지의 수를 큰 순서대로 나열하면 아래의 그림과 같습니다.

9보다 1 큰 수를 '10'이라고 하고, 십 또는 열이라고 읽습니다.

아래의 그림에는 달걀이 10개 있습니다.

10개씩 담을 수 있는 상자에 딱 맞게 들어갑니다.

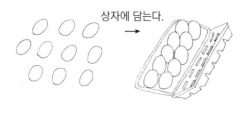

상자에 담는다.

그렇다면 아래의 그림에는 달걀이 몇 개 있지요?

달걀을 상자에 담아 봅시다.

위의 그림의 달걀을 10개씩 담을 수 있는 상자에 넣으면 아래의 그림처럼 됩니다.

상자 3개분의 달걀과 낱개 달걀 7개가 있습니다.

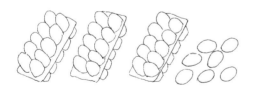

이 수를 수모형으로 생각하면 10개씩 묶은 십의 수모형이 3묶음이고, 일의 수모형( )이 7개 있습니다. 그래서 '37'이라고 하고, 삼십칠 또는 서른일곱이라고 읽습니다.

그렇다면 위의 오른쪽 그림은 몇 개일까요? 십의 수모형이 7개, 일의 수모형이 3개이므로 칠십삼 또는 일흔셋이라고 하면 됩니다.

37과 73은 3과 7이라는 숫자의 배열이지만 위치에 따라서 뜻이 다릅니다. 십의 수모형이 몇 개인가를 나타내는 위치를 '십의 자리', 일의 수모형이 몇 개인가를 나타내는 위치를 '일의 자리'라고 합니다.

또한 이렇게 숫자 2개가 나열된 수를 '두 자리 수'라고 합니다(1에서 9까지의 수는 '한 자리 수'입니다).

아래 그림에서 수모형이 나타내는 수를 읽어 보세요.

십의 자리	일의 자리	십의 자리	일의 자리	십의 자리	일의 자리
5	1	2	0	1	3

쓸 때는 5와 1을 붙여 씁니다.

이것은 일의 자리가 없으므로 0

답

51은 오십일 또는 쉰하나, 20은 이십 또는 스물, 13은 십삼 또는 열셋이라고 읽습니다. 20의 0은 읽지 않습니다(이십영이 라고는 하지 않습니다). 또한 13을 '일삼'이라고 읽지 않습니다. 이것이 약속입니다.

연습 다음 숫자를 읽어 보세요. 그리고 그 수를 수모형으로 그려보세요.

① 68   ② 99   ③ 80   ④ 30
⑤ 17   ⑥ 15   ⑦ 10   ⑧ 51

머릿속에서 수모형을 생각하면서 두 자리 수를 작은 수부터 나열해 봅시다.

10 11 12 13 14 15 16 17 18 19 20…

이렇게 이어지고…

91 92 93 94 95 96 97 98 99

가 됩니다.

두 자리 수에서 가장 작은 수는 10입니다.

두 자리 수에서 가장 큰 수는 99입니다.

두 자리 수에서 가장 작은 수는 10, 가장 큰 수는 99입니다. 99는 십의 수모형이 9개, 일의 수모형이 9개입니다. 1개 더 늘어나면 십의 수모형이 10개가 됩니다. 이것은 두 자리 수가 아닙니다.

10의 수모형이 10개니까 십십 이라고 하나?

아니, 아니 그렇게 말하지 않습니다.

문제 두 자리 수는 전부 몇 개일까요?

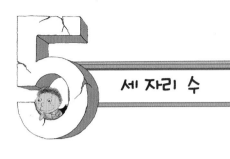

5 세 자리 수

십의 수모형이 10개 모인 수를 100이라고 쓰고, '백'이라고 읽습니다.

아래의 그림이 나타낸 수는 백의 수모형이 3개, 십의 수모형이 2개, 일의 수모형이 4개이므로 324라고 쓰고, '삼백이십사'라고 읽습니다.

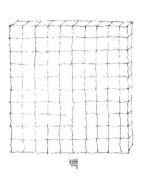

백

쓸 때는 3과 2와 4를 바로 붙여서 씁니다.

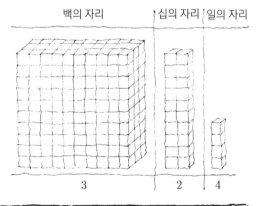

백의 자리	십의 자리	일의 자리
3	2	4

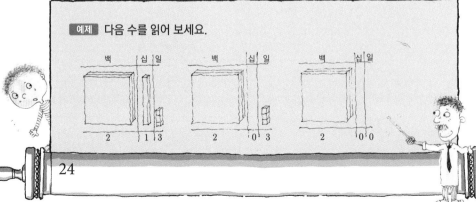

예제 다음 수를 읽어 보세요.

백	십	일		백	십	일		백	십	일
2	1	3		2	0	3		2	0	0

앞의 예제에서 보았듯이 십의 자리, 일의 자리의 0은 읽지 않습니다. 또한 아래와 같은 일도 있으므로 주의해야 합니다.

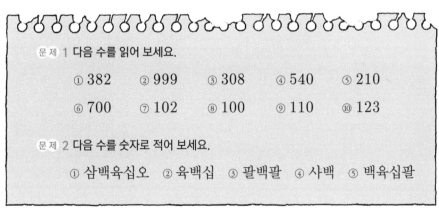

네 자리 수

세 자리 수에서 가장 큰 999보다 1 큰 수를 1000이라고 쓰고, '천'이라고 읽습니다. 천은 네 자리 수입니다. 일이 10 모여서 십, 십이 10 모여서 백, 백이 10 모여서 천이 됩니다.

이렇게 10씩 묶어서 자릿수를 늘려나가는 수의 구조를 십진법이라고 합니다.

사람들이 십진법을 많이 쓰게 된 것은 사람의 손가락 수가 10개이기 때문입니다. 십진법 외에도 이진법, 십이진법, 십육진법, 육십진법 등이 있습니다. 이진법과 십육진법은 컴퓨터에, 십이진법은 연필 등의 수를 나타낼 때, 육십진법은 시간이나 각도를 나타낼 때 사용합니다.

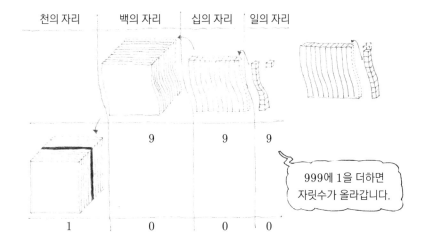

999에 1을 더하면 자릿수가 올라갑니다.

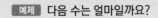 다음 수는 얼마일까요?

천의 자리	백의 자리	십의 자리	일의 자리

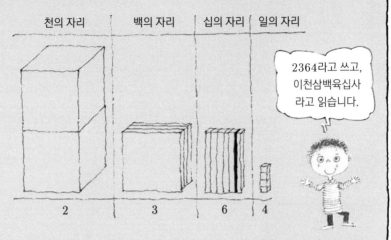

2364라고 쓰고,
이천삼백육십사
라고 읽습니다.

세 자리 수와 마찬가지로 백의 자리, 십의 자리, 일의 자리에
0이 있을 때는 그것을 읽지 않습니다.

문제 1 다음 수를 읽어 보세요.

① 9999   ② 9099   ③ 9909   ④ 9990   ⑤ 9009   ⑥ 9090

⑦ 9900   ⑧ 9000   ⑨ 1234   ⑩ 1341   ⑪ 3412   ⑫ 4123

문제 2 다음의 수를 숫자로 적어 보세요.

① 천구백칠십칠   ② 삼천

③ 팔천팔십육   ④ 천칠백

돈을 셀 때는
일천구백칠십칠이라고
할 때도 있어요.

7 큰 수

천이 10 모인 수를 일만, 일만이 10 모인 수를 십만, 십만이 10 모인 수를 백만, 그 다음은 천만(일천만), 일억, 십억, 백억, 천억(일천억), 일조, 십조…라고 합니다. 이처럼 10씩 모일 때마다 새로운 수의 단위가 됩니다.

십억	일억	천만	백만	십만	만	천	백	십	일
1	2	3	4	5	6	7	8	9	0

이 수를 어떻게 읽을까요?

위의 수는 열 자리 수로, 십억 자리까지 있습니다.
'십이억 삼천사백오십육만 칠천팔백구십'이라고 읽습니다.

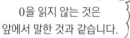

0을 읽지 않는 것은 앞에서 말한 것과 같습니다.

아휴, 읽는 것만도 힘들구나!

문제 1 다음 수를 읽어 보세요.

　① 98765　② 432123　③ 1327582

　④ 90705　⑤ 400123　⑥ 1300000

문제 2 다음 숫자를 적어 보세요.

　① 사십오만 칠천팔백육십이　② 사십만 칠천팔백육십이

　③ 사십오만 육십이　④ 사십오만 이　⑤ 사십오만　⑥ 사십만

일억이나 일조라는 수를 어느 정도의 수라고 생각하나요? 숫자로 적으면 1 다음에 0을 8개, 12개 나열하는 것으로 간단하게 적을 수 있습니다.

하지만 하나의 수모형을 가로, 세로의 높이가 1밀리리터(1㎜)인 정육각형, 즉 작은 빗방울 정도라고 합시다. 그러면 천의 수모형은 1시시(1cc), 백만의 수모형은 1리터(1ℓ), 십억이면 1세제곱미터(1㎥)가 됩니다. 만약 4조의 수모형이 있다면 올림픽 수영장이라도 다 담을 수가 없습니다.

만약 수모형이 가로세로의 길이가 1㎜의 정사각형이라고 한다면 백만의 수모형은 1제곱미터, 일억의 수모형은 1아르, 백억의 수모형이라면 학교 운동장보다 더 넓을 것입니다(한 변이 100미터인 정사각형의 넓이가 됩니다).

마지막으로 1만원짜리 지폐가 1억 장이면 1조원이 됩니다. 그 지폐를 높이 쌓으면 에베레스트 산(해발 8,848미터)보다도 높다고 합니다.

1만원짜리 지폐 1억 장(10,000미터)

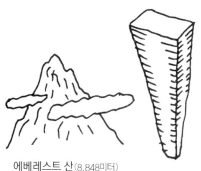

에베레스트 산(8,848미터)   백두산(2,744미터)

다양한 숫자

  우리들은 수를 나타내기 위해서 0, 1, 2, 3, 4, 5, 6, 7, 8, 9라는 10개의 숫자를 이용합니다. 이것을 아라비아 숫자 혹은 인도 숫자라고 합니다.

그렇군요.

인도나 아라비아에서 만든 숫자이기 때문에 아라비아 숫자 혹은 인도 숫자라고도 해.

  아라비아 숫자는 0을 가지고 있기 때문에 자릿수를 나타낼 수 있습니다. 그래서 10개의 숫자로 어떤 수라도 나타낼 수가 있습니다. 게다가 이 숫자는 계산하기에도 편리합니다.

  아라비아 숫자가 만들어지기 전에는 여러 나라에서 다양한 숫자가 사용되었습니다. 하지만 단위마다 다른 숫자를 그렸기 때문에 계산이 어려웠습니다.

=1974
고대 이집트

=1974
메소포타미아(32×60+54)

MCMLXXIV =1974
고대 로마

千九百七十四 =1974
한자(중국의 숫자)

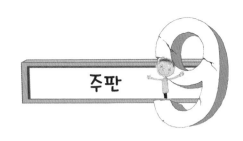

주판

주판은 오랜 역사를 가진 계산 도구입니다. 주판은 수를 '알의 수'로 바꾸어서 계산하는 것으로, 세계 각국에는 다양한 주판이 있습니다. 그러나 아라비아 숫자가 사용되면서부터는 계산이 편리해져서 유럽 등에서는 주판을 사용하지 않게 되었습니다. 지금은 우리나라와 일본, 중국에서만 사용하고 있지만 이마저도 점차 사라지고 있습니다.

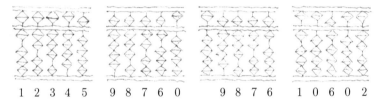

1 2 3 4 5   9 8 7 6 0   9 8 7 6   1 0 6 0 2

주판은 여러 수를 나타낼 수 있습니다. 그림을 보면 5를 나타내는 윗알을 이용해서 수를 잘 나타내고 있습니다. 단, 아라비아 숫자와는 달리 누가 봐도 알 수 있는 수는 아닙니다. 이를테면 9,876은 9,876,000인지도 모릅니다.

반대로 1이든 100,000이든 알을 1개만 움직이면 되기 때문에 계산은 편리합니다.

곱셈은 좋은데 계산하기 어려워요.

주판은 덧셈을 하기에 편리해요.

전자계산기

진짜 수학을
배우는 거군요.
음하하하~!

2장

수의 연산 I (덧셈, 뺄셈)

덧셈과 뺄셈 다음에는
나눗셈과 곱셈을
배우게 될 거야.

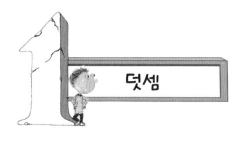

덧셈

수모형 3개에 2개를 더하면 5개.

이것을 3+2=5라고 쓰고, '3 더하기 2는 5와 같습니다'라고 읽습니다. 이렇게 수를 더하는 계산을 덧셈이라고 합니다.

남자아이가 3명 있습니다. 그곳에 여자아이가 4명 왔습니다.

남자아이와 여자아이를 합하면 모두 몇 명일까요? 수모형으로 생각하면,

3(명)+4(명)=7(명) … **답**

문제 =의 오른쪽에 답을 적어 보세요.

① 4+1=   ② 2+3=

③ 2+1=   ④ 2+2=

5, 6, 7, 8, 9를 수모형으로 생각할 때, 아래의 그림과 같이 5로 묶어서 생각하면 답을 쉽게 구할 수 있습니다.

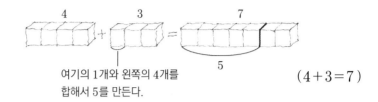

여기의 1개와 왼쪽의 4개를
합해서 5를 만든다.

$(4+3=7)$

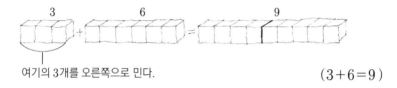

여기의 3개를 오른쪽으로 민다.

$(3+6=9)$

3+6과 6+3의 답은 모두 9입니다. 덧셈의 답을 '합'이라고 합니다. 덧셈에서는 더하는 순서를 바꾸어도 합이 같습니다.

또한 아래 그림과 같이 더하는 수가 늘어나도 덧셈을 할 수 있습니다.

$(1+2+3=6)$

문제 =의 오른쪽에 답을 적어 보세요.

① $5+3=$ ② $3+5=$ ③ $6+2=$

④ $4+4=$ ⑤ $1+6=$ ⑥ $2+7=$

⑦ $2+3+4=$

(한 자리 수)+(한 자리 수)라도 합이 두 자리 수가 될 수 있습니다.
이것을 '받아올림'이라고 합니다.

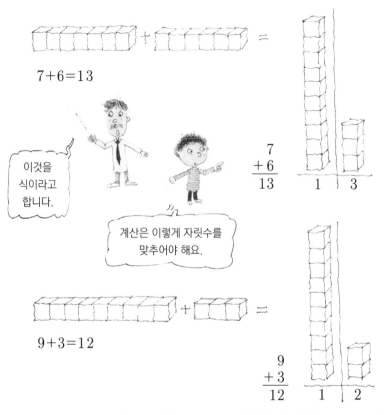

$7+6=13$

이것을 식이라고 합니다.

계산은 이렇게 자릿수를 맞추어야 해요.

$$\begin{array}{r} 7 \\ +\ 6 \\ \hline 13 \end{array}$$

1 | 3

$9+3=12$

$$\begin{array}{r} 9 \\ +\ 3 \\ \hline 12 \end{array}$$

1 | 2

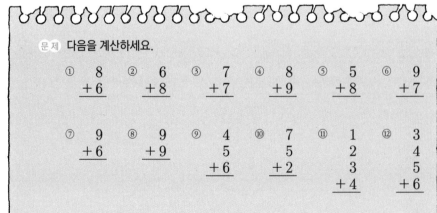

문제 다음을 계산하세요.

① $\begin{array}{r} 8 \\ +6 \end{array}$　② $\begin{array}{r} 6 \\ +8 \end{array}$　③ $\begin{array}{r} 7 \\ +7 \end{array}$　④ $\begin{array}{r} 8 \\ +9 \end{array}$　⑤ $\begin{array}{r} 5 \\ +8 \end{array}$　⑥ $\begin{array}{r} 9 \\ +7 \end{array}$

⑦ $\begin{array}{r} 9 \\ +6 \end{array}$　⑧ $\begin{array}{r} 9 \\ +9 \end{array}$　⑨ $\begin{array}{r} 4 \\ 5 \\ +6 \end{array}$　⑩ $\begin{array}{r} 7 \\ 5 \\ +2 \end{array}$　⑪ $\begin{array}{r} 1 \\ 2 \\ 3 \\ +4 \end{array}$　⑫ $\begin{array}{r} 3 \\ 4 \\ 5 \\ +6 \end{array}$

(한 자리 수)+(한 자리 수)의 덧셈에서 합이 10이 되는 것은 아래의 9가지입니다.

1+9=10   6+4=10

2+8=10   7+3=10

3+7=10   8+2=10

4+6=10   9+1=10

5+5=10

7+3

흰 튤립이 5송이, 빨간 튤립이 3송이 피었습니다. 튤립은 전부 몇 송이 피었을까요? 이것도 덧셈 문제입니다.

수모형으로 생각해 보면 돼요.

5(송이)+3(송이)=8(송이)

연습 다양한 덧셈 문제를 스스로 만들어 보세요.

0의 덧셈

2개의 주머니에 캐러멜이 들어 있습니다. 합하면 몇 개일까요?

3(개)+2(개)=?

이건 쉽네.

$(3+2=5)$

이번에는 한쪽 주머니에 캐러멜이 들어 있지 않습니다.

0은 더해도 변하지 않는구나.

$(3+0=3)$

양쪽 다 캐러멜이 들어 있지 않으면, 합해서 0개입니다.

$(0+0=0)$

문제 **다음을 계산하세요.**

① 5+0 =

② 0+4 =

③
$$
\begin{array}{r}
4 \\
+0 \\
\hline
\end{array}
$$

④
$$
\begin{array}{r}
9 \\
+0 \\
\hline
\end{array}
$$

⑤
$$
\begin{array}{r}
0 \\
+7 \\
\hline
\end{array}
$$

⑥
$$
\begin{array}{r}
0 \\
+1 \\
\hline
\end{array}
$$

두 자리 이상 수의 덧셈

민규의 학교에는 1학년이 32명, 2학년이 26명 있습니다. 1학년과 2학년을 합하면 모두 몇 명일까요? → 32(명)+26(명)

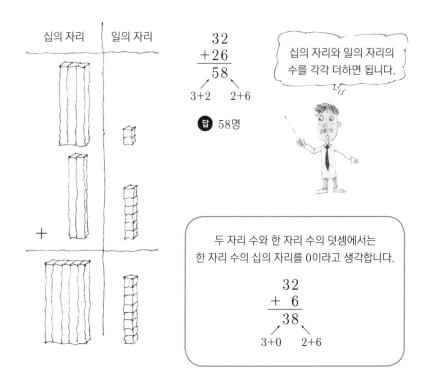

십의 자리　｜　일의 자리

$$\begin{array}{r} 32 \\ +\,26 \\ \hline 58 \end{array}$$

3+2　　2+6

답 58명

십의 자리와 일의 자리의 수를 각각 더하면 됩니다.

두 자리 수와 한 자리 수의 덧셈에서는 한 자리 수의 십의 자리를 0이라고 생각합니다.

$$\begin{array}{r} 32 \\ +\ \ 6 \\ \hline 38 \end{array}$$

3+0　　2+6

계산할 때는 일의 자리부터 십, 백, 천, …의 순서대로 합니다.

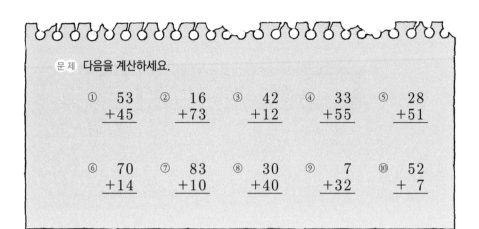

①	53 +45	②	16 +73	③	42 +12	④	33 +55	⑤	28 +51
⑥	70 +14	⑦	83 +10	⑧	30 +40	⑨	7 +32	⑩	52 + 7

이웃 마을의 큰 학교에는 1학년이 314명, 2학년이 262명 있습니다. 합하면 모두 몇 명일까요? → 314(명)+262(명)

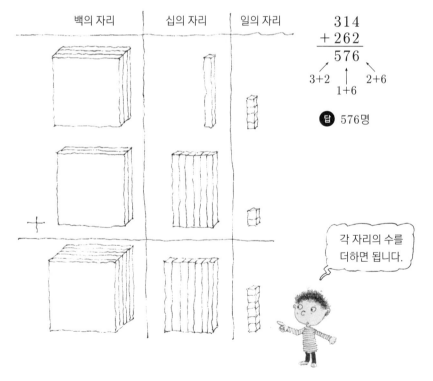

백의 자리	십의 자리	일의 자리

$$\begin{array}{r} 314 \\ + 262 \\ \hline 576 \end{array}$$

3+2　1+6　2+6

답 576명

각 자리의 수를 더하면 됩니다.

이렇게 덧셈은 같은 자리의 수를 각각 더하면 됩니다. 세 자리 수
보다 큰 수가 되어도 방법은 같습니다.

문제 다음을 계산하세요.

① 243
  + 645

② 123
  + 274

③ 416
  + 173

④ 542
  + 105

⑤ 670
  + 218

⑥ 223
    134
  + 412

⑦ 801
  + 100

⑧ 12345
  + 54321

⑨ 3823
  + 156

받아올림이 있는 덧셈

54+28과 같은 덧셈은 이제까지의 덧셈보다 조금 어렵습니다. 그것은 받아올림이 있기 때문입니다.

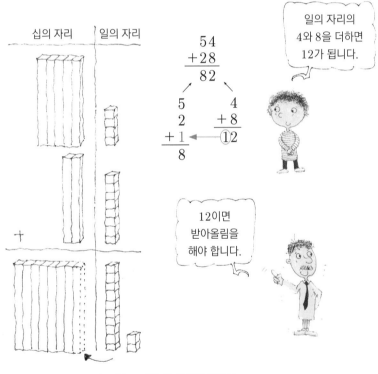

십의 자리   일의 자리

$$54$$
$$+28$$
$$\overline{82}$$

일의 자리의
4와 8을 더하면
12가 됩니다.

$$
\begin{array}{cc}
5 & 4 \\
2 & +8 \\
+1 & \overline{12} \\
\hline
8 &
\end{array}
$$

12이면
받아올림을
해야 합니다.

수모형 10개가 한 묶음이 되어서
십의 자리로 올라간다.

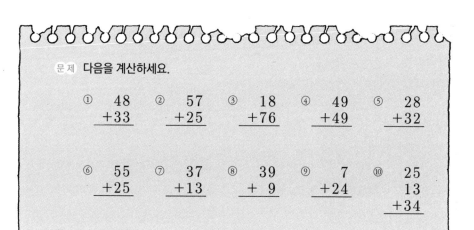

문제 **다음을 계산하세요.**

① $\begin{array}{r} 48 \\ +33 \\ \hline \end{array}$
② $\begin{array}{r} 57 \\ +25 \\ \hline \end{array}$
③ $\begin{array}{r} 18 \\ +76 \\ \hline \end{array}$
④ $\begin{array}{r} 49 \\ +49 \\ \hline \end{array}$
⑤ $\begin{array}{r} 28 \\ +32 \\ \hline \end{array}$

⑥ $\begin{array}{r} 55 \\ +25 \\ \hline \end{array}$
⑦ $\begin{array}{r} 37 \\ +13 \\ \hline \end{array}$
⑧ $\begin{array}{r} 39 \\ + \ 9 \\ \hline \end{array}$
⑨ $\begin{array}{r} 7 \\ +24 \\ \hline \end{array}$
⑩ $\begin{array}{r} 25 \\ 13 \\ +34 \\ \hline \end{array}$

128+439의 계산도 마찬가지입니다.

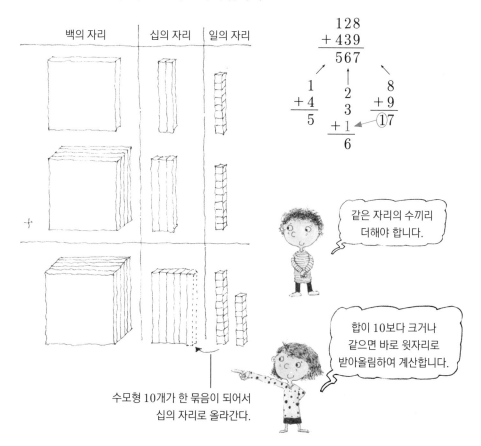

백의 자리 | 십의 자리 | 일의 자리

$\begin{array}{r} 128 \\ +439 \\ \hline 567 \end{array}$

$\begin{array}{r} 1 \\ +4 \\ \hline 5 \end{array}$
$\begin{array}{r} 2 \\ 3 \\ +1 \\ \hline 6 \end{array}$
$\begin{array}{r} 8 \\ +9 \\ \hline ⑪7 \end{array}$

같은 자리의 수끼리 더해야 합니다.

합이 10보다 크거나 같으면 바로 윗자리로 받아올림하여 계산합니다.

수모형 10개가 한 묶음이 되어서 십의 자리로 올라간다.

다음을 계산하세요.

①   127   ②   276   ③   546   ④   208   ⑤   504
  +359   +318   +306   +709   +126

⑥   134   ⑦   229   ⑧   37
  +657   + 29   +204

251+397을 계산해 보세요. 이번에는 일의 자리에서는 변함이 없고, 십의 자리에서 받아올림을 합니다.

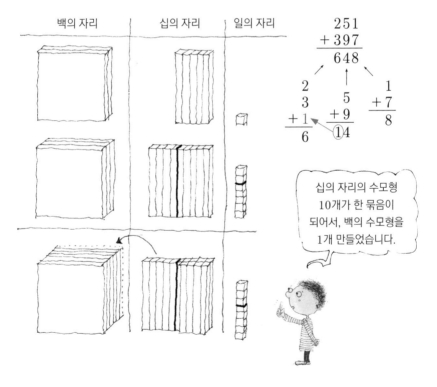

$$\begin{array}{r} 251 \\ +397 \\ \hline 648 \end{array}$$

$$\begin{array}{r} 2 \\ 3 \\ +1 \\ \hline 6 \end{array} \qquad \begin{array}{r} 5 \\ +9 \\ \hline 14 \end{array} \qquad \begin{array}{r} 1 \\ +7 \\ \hline 8 \end{array}$$

십의 자리의 수모형
10개가 한 묶음이
되어서, 백의 수모형을
1개 만들었습니다.

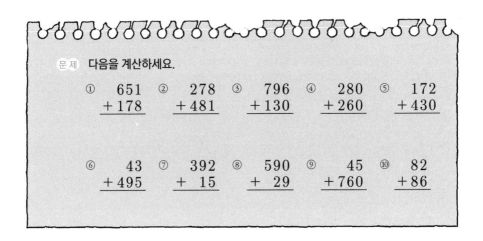

문제 다음을 계산하세요.

① 651
+178

② 278
+481

③ 796
+130

④ 280
+260

⑤ 172
+430

⑥ 43
+495

⑦ 392
+ 15

⑧ 590
+ 29

⑨ 45
+760

⑩ 82
+86

받아올림을 알면 어떤 덧셈도 가능합니다. 이번에는 359+187을 계산해 봅시다.

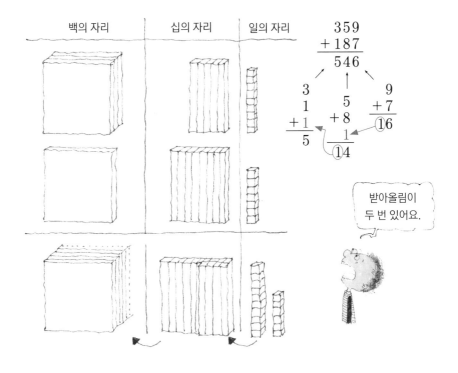

① 267
  +458

② 374
  +459

③ 689
  +152

④ 697
  +243

⑤ 732
  +169

⑥ 189
  +681

⑦ 253
  + 68

⑧ 82
  +98

⑨ 98
  + 4

⑩ 402
  +298

오른쪽의 계산처럼 십의 자리가 0이 되는 것은
틀리기 쉬우니 주의해야 해요.

273
+328
‾‾‾‾
601

아래의 덧셈에는 받아올림이 9번 있습니다. 도전해 보세요. 답은 1
과 0이 반복해서 나열됩니다.

1234567890
+8866442211

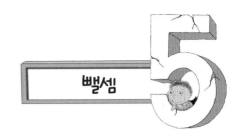

뺄셈

5마리의 새   중   2마리가 날아가서   몇 마리가 남았을까요?

$5(마리)-2(마리)=3(마리)$ (5 빼기 2는 3)

위와 같은 계산을 뺄셈이라고 합니다.

케이크가 5조각 있습니다. 2조각 먹으면 몇 조각의 케이크가 남을까요? 이것도 $5(개)-2(개)=3(개)$이므로, 뺄셈입니다.

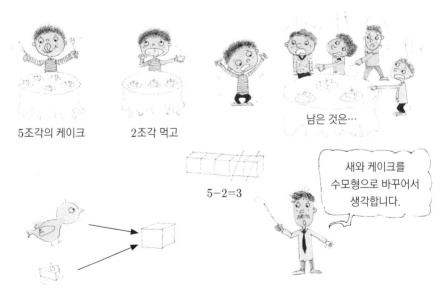

5조각의 케이크   2조각 먹고   남은 것은…

$5-2=3$

새와 케이크를 수모형으로 바꾸어서 생각합니다.

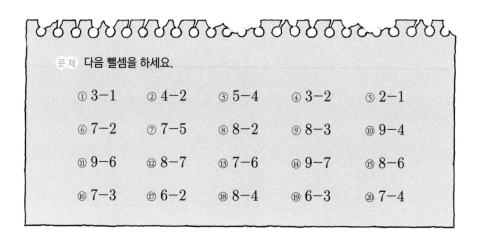

문제 다음 뺄셈을 하세요.

① 3-1   ② 4-2   ③ 5-4   ④ 3-2   ⑤ 2-1

⑥ 7-2   ⑦ 7-5   ⑧ 8-2   ⑨ 8-3   ⑩ 9-4

⑪ 9-6   ⑫ 8-7   ⑬ 7-6   ⑭ 9-7   ⑮ 8-6

⑯ 7-3   ⑰ 6-2   ⑱ 8-4   ⑲ 6-3   ⑳ 7-4

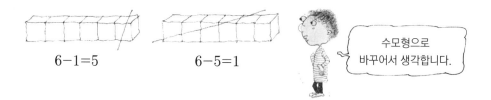

6-1=5   6-5=1

수모형으로 바꾸어서 생각합니다.

13-7을 계산해 봅시다. 뺄셈을 할 때, 각 자리의 숫자끼리 뺄셈을 할 수 없을 때에는 바로 윗자리에서 받아내림을 합니다.

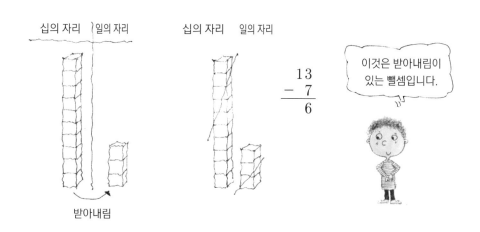

십의 자리   일의 자리

십의 자리   일의 자리

$$\begin{array}{r} 13 \\ -7 \\ \hline 6 \end{array}$$

이것은 받아내림이 있는 뺄셈입니다.

받아내림

문제 1 다음 뺄셈을 하세요.

① 14 − 8   ② 12 − 6   ③ 13 − 8   ④ 11 − 6

⑤ 11 − 5   ⑥ 14 − 5   ⑦ 14 − 9

17−9의 계산을 수모형을 가지고 생각하면 아래와 같습니다.

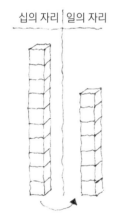

십의 자리 | 일의 자리

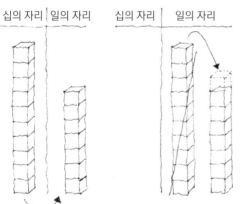

십의 자리 | 일의 자리

10에서 9를 빼면 1, 그 1에 7을 더합니다.

문제 2 다음 뺄셈을 하세요.

① 18 − 9   ② 17 − 8   ③ 16 − 7   ④ 15 − 7   ⑤ 15 − 9

몇 번이고 계속해서 뺄셈을 할 수도 있습니다.

작은 새가 10마리 있다가 3마리가 날아갔습니다. 그리고 다시 4마리가 날아갔습니다. 남은 새는 몇 마리일까요?

처음 10마리 새가 있다가 3마리가 날아갔으므로 10−3을 해서, 새는 7마리 남았습니다. 다시 4마리가 날아갔으므로 7−4를 해서, 새는 3마리 남았습니다.

이것을 하나의 식으로 나타내면 다음과 같습니다.

$10(마리) − 3(마리) − 4(마리) = 3(마리)$

순서대로
계산합니다.

문제 **다음을 계산하세요.**

① $18 − 3 − 4 − 5 =$

② $15 − 5 − 2 =$

③ $18 − 3 − 5 − 4 =$

④ $15 − 2 − 5 =$

⑤ $18 − 2 − 3 − 3 =$

⑥ $15 − 5 − 10 =$

⑦ $18 − 3 − 3 − 3 − 3 − 3 =$

다음과 같은 문제도 **뺄셈**을 이용합니다.

어린이가 13명 있습니다. 그중 6명이 남자입니다. 여자는 몇 명일까요?

13(명)−6(명)=7(명). 여자 어린이는 7명 있습니다.

민규의 가족은 4명, 재민이의 가족은 7명입니다. 어느 집 가족이 몇 명 더 많을까요?

7(명)−4(명)=3(명). 재민이의 가족이 3명 더 많습니다.

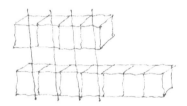

문제 1 어린이가 15명 있습니다. 그중 7명이 모자를 쓰고 있습니다. 모자를 쓰고 있지 않은 어린이는 몇 명일까요?

문제 2 민규는 매미를 13마리, 재민이는 7마리 잡았습니다. 민규는 재민이보다 매미를 몇 마리 더 많이 잡았을까요?

문제 3 민규는 8살, 누나는 11살입니다. 누나가 몇 살 더 많을까요?

문제 4 항구에 배가 6척 들어와서 모두 13척이 되었습니다. 처음에 배는 몇 척 있었을까요?

문제 5 시험 문제 10문제 중 3문제 틀렸습니다. 틀리지 않은 문제는 몇 개일까요?

문제 6 18명의 학생 중 안경을 낀 학생은 2명 있습니다. 그렇다면 안경을 끼지 않은 학생은 몇 명일까요?

0 의 뺄셈

0을 이용한 뺄셈은 아래의 그림과 같이 생각합니다.

 $3-1= 2$

 $3-2= 1$

 전부 다 날아가버렸다. $3-3= 0$

 하나도 날아가지 않았다. $3-0= 3$

처음부터 없다.

문제 **다음을 계산하세요.**

① $1-1$ ② $5-5$ ③ $2-0$ ④ $9-0$ ⑤ $1-0$

⑥ $3-0$ ⑦ $3-3$ ⑧ $4-0$ ⑨ $7-7$ ⑩ $10-0$

7 두 자리 이상의 뺄셈

두 자리 수의 뺄셈은 자릿수를 맞추어서 일의 자리부터 순서대로 계산합니다. 이를테면 87−23은 다음과 같이 합니다.

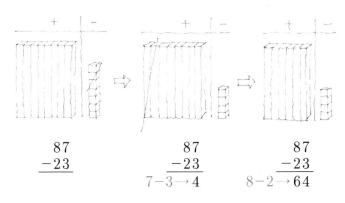

$$\begin{array}{r} 87 \\ -23 \\ \hline \end{array}$$
$$\Rightarrow \begin{array}{r} 87 \\ -23 \\ \hline \end{array}$$
7−3→4
$$\Rightarrow \begin{array}{r} 87 \\ -23 \\ \hline \end{array}$$
8−2→64

그 외의 뺄셈의 예는 다음과 같습니다.

$$\begin{array}{r} 36 \\ -20 \\ \hline 16 \end{array}$$
3−2=1   6−0=6

$$\begin{array}{r} 23 \\ -22 \\ \hline 1 \end{array}$$
맨 앞의 0은 쓰지 않는다. →   2−2=0   3−2=1

$$\begin{array}{r} 23 \\ -\ 2 \\ \hline 21 \end{array}$$
← 십의 자리는 0
2−0=2   3−2=1

문제 **다음을 계산하세요.**

① $\begin{array}{r} 79 \\ -64 \\ \hline \end{array}$
② $\begin{array}{r} 43 \\ -31 \\ \hline \end{array}$
③ $\begin{array}{r} 49 \\ -15 \\ \hline \end{array}$
④ $\begin{array}{r} 45 \\ -25 \\ \hline \end{array}$
⑤ $\begin{array}{r} 77 \\ -72 \\ \hline \end{array}$
⑥ $\begin{array}{r} 63 \\ -20 \\ \hline \end{array}$

⑦ $\begin{array}{r} 20 \\ -10 \\ \hline \end{array}$
⑧ $\begin{array}{r} 66 \\ -60 \\ \hline \end{array}$
⑨ $\begin{array}{r} 40 \\ -40 \\ \hline \end{array}$
⑩ $\begin{array}{r} 89 \\ -\ 3 \\ \hline \end{array}$
⑪ $\begin{array}{r} 55 \\ -\ 5 \\ \hline \end{array}$
⑫ $\begin{array}{r} 90 \\ -\ 0 \\ \hline \end{array}$

세 자리 수의 뺄셈도 마찬가지로 일의 자리, 십의 자리, 백의 자리 순으로 계산합니다. 이것은 세 자리 수보다 더 큰 수라도 마찬가지입니다. 이를테면 489−164는 다음과 같이 계산합니다.

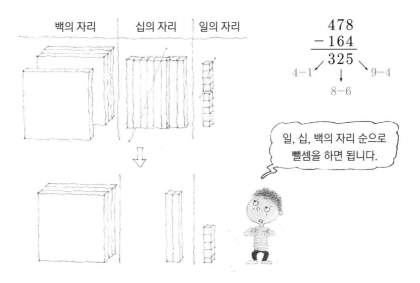

백의 자리   십의 자리   일의 자리

$$\begin{array}{r} 478 \\ -164 \\ \hline 325 \end{array}$$

4−1   9−4
         8−6

일, 십, 백의 자리 순으로 뺄셈을 하면 됩니다.

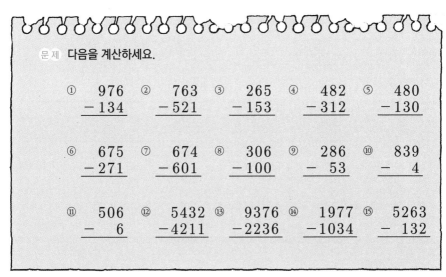

문제 **다음을 계산하세요.**

① $\begin{array}{r} 976 \\ -134 \\ \hline \end{array}$ ② $\begin{array}{r} 763 \\ -521 \\ \hline \end{array}$ ③ $\begin{array}{r} 265 \\ -153 \\ \hline \end{array}$ ④ $\begin{array}{r} 482 \\ -312 \\ \hline \end{array}$ ⑤ $\begin{array}{r} 480 \\ -130 \\ \hline \end{array}$

⑥ $\begin{array}{r} 675 \\ -271 \\ \hline \end{array}$ ⑦ $\begin{array}{r} 674 \\ -601 \\ \hline \end{array}$ ⑧ $\begin{array}{r} 306 \\ -100 \\ \hline \end{array}$ ⑨ $\begin{array}{r} 286 \\ -53 \\ \hline \end{array}$ ⑩ $\begin{array}{r} 839 \\ -4 \\ \hline \end{array}$

⑪ $\begin{array}{r} 506 \\ -6 \\ \hline \end{array}$ ⑫ $\begin{array}{r} 5432 \\ -4211 \\ \hline \end{array}$ ⑬ $\begin{array}{r} 9376 \\ -2236 \\ \hline \end{array}$ ⑭ $\begin{array}{r} 1977 \\ -1034 \\ \hline \end{array}$ ⑮ $\begin{array}{r} 5263 \\ -132 \\ \hline \end{array}$

8 받아내림이 있는 뺄셈

86−39의 계산은, 이제까지와 같은 방법으로는 할 수 없습니다.

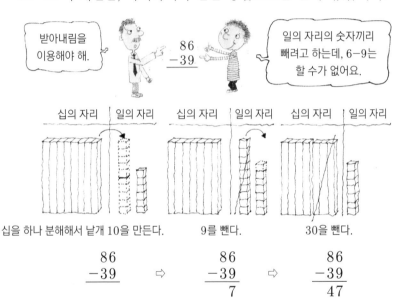

받아내림을 이용해야 해.

$$\begin{array}{r} 86 \\ -39 \end{array}$$

일의 자리의 숫자끼리 빼려고 하는데, 6−9는 할 수가 없어요.

십의 자리	일의 자리	십의 자리	일의 자리	십의 자리	일의 자리

십을 하나 분해해서 낱개 10을 만든다.　9를 뺀다.　30을 뺀다.

$$\begin{array}{r} 86 \\ -39 \\ \hline \end{array}$$ ⇨ $$\begin{array}{r} 86 \\ -39 \\ \hline 7 \end{array}$$ ⇨ $$\begin{array}{r} 86 \\ -39 \\ \hline 47 \end{array}$$

문제 다음을 계산하세요.

① $$\begin{array}{r} 71 \\ -48 \end{array}$$ ② $$\begin{array}{r} 32 \\ -16 \end{array}$$ ③ $$\begin{array}{r} 84 \\ -25 \end{array}$$ ④ $$\begin{array}{r} 98 \\ -49 \end{array}$$ ⑤ $$\begin{array}{r} 91 \\ -19 \end{array}$$

⑥ $$\begin{array}{r} 50 \\ -21 \end{array}$$ ⑦ $$\begin{array}{r} 60 \\ -26 \end{array}$$ ⑧ $$\begin{array}{r} 50 \\ -35 \end{array}$$ ⑨ $$\begin{array}{r} 61 \\ -58 \end{array}$$ ⑩ $$\begin{array}{r} 72 \\ -69 \end{array}$$

⑪ $$\begin{array}{r} 40 \\ -36 \end{array}$$ ⑫ $$\begin{array}{r} 31 \\ -\ 3 \end{array}$$ ⑬ $$\begin{array}{r} 40 \\ -\ 7 \end{array}$$ ⑭ $$\begin{array}{r} 80 \\ -\ 9 \end{array}$$ ⑮ $$\begin{array}{r} 94 \\ -36 \end{array}$$ ⑯ $$\begin{array}{r} 53 \\ -14 \end{array}$$

486-127은 다음과 같이 합니다.

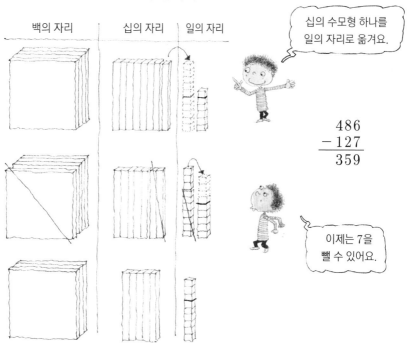

백의 자리   십의 자리 일의 자리

십의 수모형 하나를
일의 자리로 옮겨요.

$$\begin{array}{r} 486 \\ -\ 127 \\ \hline 359 \end{array}$$

이제는 7을
뺄 수 있어요.

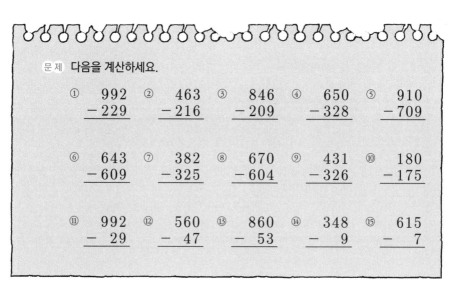

문제 다음을 계산하세요.

① 992
  −229

② 463
  −216

③ 846
  −209

④ 650
  −328

⑤ 910
  −709

⑥ 643
  −609

⑦ 382
  −325

⑧ 670
  −604

⑨ 431
  −326

⑩ 180
  −175

⑪ 992
  − 29

⑫ 560
  − 47

⑬ 860
  − 53

⑭ 348
  − 9

⑮ 615
  − 7

576-394는 다음과 같이 계산합니다.

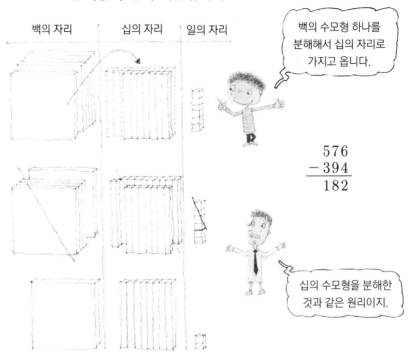

백의 자리　십의 자리　일의 자리

백의 수모형 하나를 분해해서 십의 자리로 가지고 옵니다.

$$\begin{array}{r} 576 \\ -\ 394 \\ \hline 182 \end{array}$$

십의 수모형을 분해한 것과 같은 원리이지.

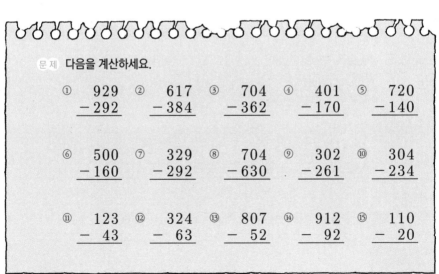

문제 **다음을 계산하세요.**

① 929 − 292	② 617 − 384	③ 704 − 362	④ 401 − 170	⑤ 720 − 140
⑥ 500 − 160	⑦ 329 − 292	⑧ 704 − 630	⑨ 302 − 261	⑩ 304 − 234
⑪ 123 −　43	⑫ 324 −　63	⑬ 807 −　52	⑭ 912 −　92	⑮ 110 −　20

452-189의 계산은 받아내림을 2번 합니다.

백의 자리　십의 자리　일의 자리

십의 자리의
계산에 주의하세요.

$$\begin{array}{r} 452 \\ -189 \\ \hline 263 \end{array}$$

일의 자리부터
순서대로
계산하면 돼요.

문제 다음을 계산하세요.

① $\begin{array}{r} 922 \\ -299 \\ \hline \end{array}$　② $\begin{array}{r} 718 \\ -649 \\ \hline \end{array}$　③ $\begin{array}{r} 310 \\ -268 \\ \hline \end{array}$　④ $\begin{array}{r} 701 \\ -348 \\ \hline \end{array}$　⑤ $\begin{array}{r} 510 \\ -419 \\ \hline \end{array}$

⑥ $\begin{array}{r} 623 \\ -\ 27 \\ \hline \end{array}$　⑦ $\begin{array}{r} 832 \\ -\ 54 \\ \hline \end{array}$　⑧ $\begin{array}{r} 120 \\ -\ 35 \\ \hline \end{array}$　⑨ $\begin{array}{r} 140 \\ -\ 48 \\ \hline \end{array}$　⑩ $\begin{array}{r} 400 \\ -217 \\ \hline \end{array}$

⑪ $\begin{array}{r} 801 \\ -605 \\ \hline \end{array}$　⑫ $\begin{array}{r} 300 \\ -207 \\ \hline \end{array}$　⑬ $\begin{array}{r} 701 \\ -\ 24 \\ \hline \end{array}$　⑭ $\begin{array}{r} 103 \\ -\ 54 \\ \hline \end{array}$　⑮ $\begin{array}{r} 101 \\ -\ 2 \\ \hline \end{array}$

3002−1873의 계산은 다음과 같이 합니다. 받아내림이 세 번 있습니다.

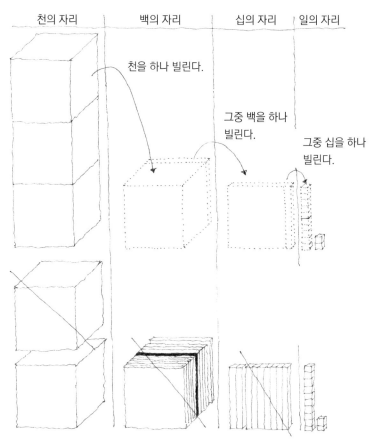

천의 자리   백의 자리   십의 자리   일의 자리

천을 하나 빌린다.

그중 백을 하나 빌린다.

그중 십을 하나 빌린다.

뺄셈의 답을 '차'라고 합니다. 처음의 수, 빼는 수, 차, 이 3개의 수 사이에는 다음과 같은 관계가 있습니다.

(처음의 수)−(빼는 수)=(차)

(차)+(빼는 수)=(처음의 수)

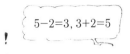
5−2=3, 3+2=5

이 관계를 이용해서 검산을 할 수 있어요.

이것을 이용해서 뺄셈의 답이 맞았는지 틀렸는지 확인할 수 있습니다.

23−8=?

답은 16?   16+8은…   24다!

23이 아니구나.
그러므로 16이라는 답은
틀렸습니다.

문제 다음을 계산하세요.

① 9299 − 2922	② 6110 − 5231	③ 2000 − 1909	④ 3000 − 1997	⑤ 3462 − 513

⑥ 3462 − 498	⑦ 8276 − 840	⑧ 1320 − 75	⑨ 4500 − 45	⑩ 2003 − 6

⑪ 92929 − 29292	⑫ 615073 − 94924

곱셈이 중요한가요?
왜요?

★ 3장

수의 연산 2 (곱셈)

곱셈을 알면 알수록
재미있단다.
혹시 0의 곱셈은
들어봤니?

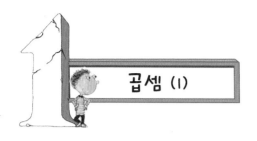

곱셈 (1)

한 상자에 연필이 12자루 들어 있습니다. 같은 상자가 4상자 있다면 연필은 모두 몇 자루일까요?

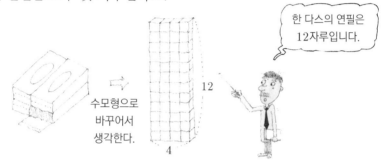

수모형으로 바꾸어서 생각한다.

12

4

한 다스의 연필은 12자루입니다.

12(자루)×4=48(자루)이 나옵니다. 이런 계산을 곱셈이라고 하고, 곱셈의 결과를 '곱'이라고 합니다.

세 상자라면 12(자루)×3=36(자루)

두 상자라면 12(자루)×2=24(자루)

한 상자라면 12(자루)×1=12(자루)

12

4

세 상자라면 36자루. 두 상자와 한 상자의 곱은 직접 확인해 봐요.

덧셈의 답은 '합', 뺄셈의 답은 '차', 곱셈의 답은 '곱'

지금부터 곱셈을 이용한 문제를 여러 가지 살펴볼까요?

한 상자에 캐러멜이 8개 들어 있습니다. 네 상자라면 캐러멜은 몇 개일까요?

한 줄에 6명의 선수가 서 있습니다. 일곱 줄이라면 몇 명일까요?

한 자루에 150원 하는 연필을 4자루 구입하면 모두 얼마일까요?

한 시간에 12㎞ 달리는 자동차는 세 시간에 몇 ㎞ 달릴까요?

위의 문제는 모두 곱셈으로 풀 수 있습니다.

곱하기

1상자에 ○개, 1자루에 ○원.

다리가 6개인 곤충 9마리의 다리 수를 구하는 경우에 구구단을 이용하면 편리합니다. 1마리씩 많아지면 다리의 수는 6개씩 많아집니다. 구구단 6단에서는 곱하는 수가 1씩 커지면 곱의 값은 6씩 커집니다.

세발자전거의 바퀴의 수를 구할 때는 구구단 3단을 이용합니다. 구구단 3단에서는 곱하는 수가 1씩 커지면 곱은 3씩 커집니다.

곱셈은 곱하는 수가 1씩 커질 때 전체의 수가 얼마만큼씩 커지는가를 구하는 계산입니다.

구구단

곱셈의 기본이 되는 것은 구구단입니다. 구구단은 오랜 옛날 중국에서 전해졌습니다. 구구단은 (한 자리 수)×(한 자리 수)를 표나 노래로 만들어 쉽게 외우게 한 것입니다.

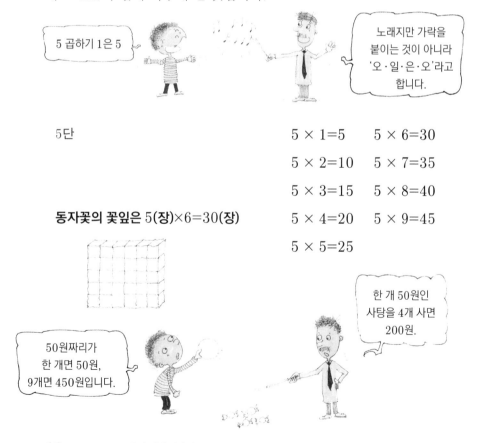

5 곱하기 1은 5

노래지만 가락을 붙이는 것이 아니라 '오·일·은·오'라고 합니다.

5단

5 × 1=5	5 × 6=30
5 × 2=10	5 × 7=35
5 × 3=15	5 × 8=40
5 × 4=20	5 × 9=45
5 × 5=25	

동자꽃의 꽃잎은 5(장)×6=30(장)

한 개 50원인 사탕을 4개 사면 200원.

50원짜리가 한 개면 50원, 9개면 450원입니다.

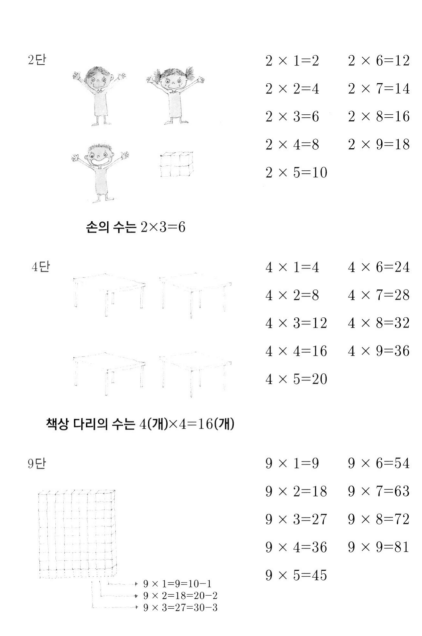

2단

$2 \times 1=2$ $2 \times 6=12$

$2 \times 2=4$ $2 \times 7=14$

$2 \times 3=6$ $2 \times 8=16$

$2 \times 4=8$ $2 \times 9=18$

$2 \times 5=10$

손의 수는 $2 \times 3=6$

4단

$4 \times 1=4$ $4 \times 6=24$

$4 \times 2=8$ $4 \times 7=28$

$4 \times 3=12$ $4 \times 8=32$

$4 \times 4=16$ $4 \times 9=36$

$4 \times 5=20$

책상 다리의 수는 $4(개) \times 4=16(개)$

9단

$9 \times 1=9$ $9 \times 6=54$

$9 \times 2=18$ $9 \times 7=63$

$9 \times 3=27$ $9 \times 8=72$

$9 \times 4=36$ $9 \times 9=81$

$9 \times 5=45$

$9 \times 1=9=10-1$
$9 \times 2=18=20-2$
$9 \times 3=27=30-3$

구구단에서 가장 큰 것은 9×9인데, 이것 때문에 '구구단'라는 이름이 생겼습니다.

1단

$1 \times 1 = 1$ $1 \times 6 = 6$

$1 \times 2 = 2$ $1 \times 7 = 7$

$1 \times 3 = 3$ $1 \times 8 = 8$

$1 \times 4 = 4$ $1 \times 9 = 9$

$1 \times 5 = 5$

모자는 한 사람이 1개

3명의 모자의 수는 $1 \times 3 = 3$

1에 어떤 수를 곱해도 그 수는 곱한 수와 같습니다.

3단

$3 \times 1 = 3$ $3 \times 6 = 18$

$3 \times 2 = 6$ $3 \times 7 = 21$

$3 \times 3 = 9$ $3 \times 8 = 24$

$3 \times 4 = 12$ $3 \times 9 = 27$

$3 \times 5 = 15$

클로버 잎의 수는 3(장)$\times$4=12(장)

6단

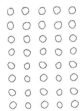

$6 \times 1 = 6$ $6 \times 6 = 36$

$6 \times 2 = 12$ $6 \times 7 = 42$

$6 \times 3 = 18$ $6 \times 8 = 48$

$6 \times 4 = 24$ $6 \times 9 = 54$

$6 \times 5 = 30$

세로 한 줄에 6개

가로 5줄 있다면 6(개)$\times$5=30(개)

7단

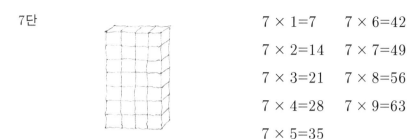

$7 \times 1=7$ $7 \times 6=42$

$7 \times 2=14$ $7 \times 7=49$

$7 \times 3=21$ $7 \times 8=56$

$7 \times 4=28$ $7 \times 9=63$

$7 \times 5=35$

4주간은 7(일)×4=28(일)

8단

$8 \times 1=8$ $8 \times 6=48$

$8 \times 2=16$ $8 \times 7=56$

$8 \times 3=24$ $8 \times 8=64$

$8 \times 4=32$ $8 \times 9=72$

$8 \times 5=40$

세로는 한 줄에 8개

가로는 3줄 있다면 8(개)×3=24(개)

인도는 초등학교에서 곱셈을 20단까지 배운다고 합니다. 또한 12진법이 생활 속에 남아 있는 영국에서는 12단까지 배웁니다. 그러나 우리는 9×9까지 틀리지 않고 잘 외우면 됩니다.

구구단표

	1	2	3	4	5	6	7	8	9
1	1	2	3	4	5	6	7	8	9
2	2	4	6	8	10	12	14	16	18
3	3	6	9	12	15	18	21	24	27
4	4	8	12	16	20	24	28	32	36
5	5	10	15	20	25	30	35	40	45
6	6	12	18	24	30	36	42	48	54
7	7	14	21	28	35	42	49	56	63
8	8	16	24	32	40	48	56	64	72
9	9	18	27	36	45	54	63	72	81

■ 부분은 8×7=56을 나타내고 있습니다.

구구단을 연습해봐요.

술술~~

구구단 계산기를 두꺼운 종이로 만들어 보세요.

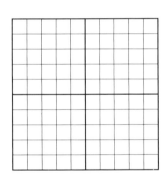

| 9 | 8 | 7 | 6 | 5 | 4 | 3 | 2 | 1 |

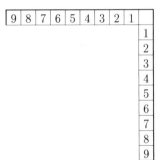

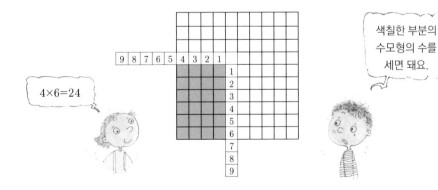

4×6=24

색칠한 부분의 수모형의 수를 세면 돼요.

0의 곱셈

케이크로 생각해 볼까요?

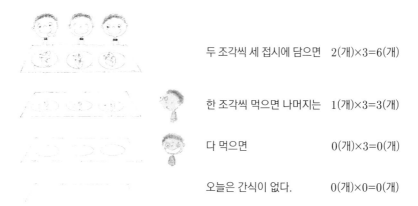

두 조각씩 세 접시에 담으면   2(개)×3=6(개)

한 조각씩 먹으면 나머지는   1(개)×3=3(개)

다 먹으면   0(개)×3=0(개)

오늘은 간식이 없다.   0(개)×0=0(개)

이번에는 꽃잎으로 생각해 볼까요?

5(장)×1=5(장)

5(장)×2=10(장)

5(장)×0=0(장)

0을 곱하면,
곱은 항상 0입니다.

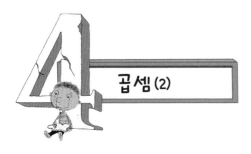

곱셈(2)

32×3은 다음과 같이 계산합니다.

32×3은
이렇게 생각하면
쉬워요.

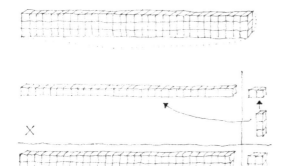

$$\begin{array}{r} 32 \\ \times\ 3 \\ \hline 96 \end{array}$$

3×3   2×3

일의 자리, 십의 자리
순으로 계산해요.

문제 다음을 계산하세요.

① $\begin{array}{r} 24 \\ \times\ 2 \\ \hline \end{array}$ ② $\begin{array}{r} 13 \\ \times\ 3 \\ \hline \end{array}$ ③ $\begin{array}{r} 11 \\ \times\ 5 \\ \hline \end{array}$ ④ $\begin{array}{r} 23 \\ \times\ 3 \\ \hline \end{array}$

$$\begin{array}{r} 20 \\ \times\ 3 \\ \hline 60 \end{array}$$

2×3   0×3

⑤ $\begin{array}{r} 36 \\ \times\ 1 \\ \hline \end{array}$ ⑥ $\begin{array}{r} 44 \\ \times\ 2 \\ \hline \end{array}$ ⑦ $\begin{array}{r} 33 \\ \times\ 3 \\ \hline \end{array}$ ⑧ $\begin{array}{r} 30 \\ \times\ 3 \\ \hline \end{array}$

$$\begin{array}{r} 52 \\ \times\ 0 \\ \hline 00 \end{array} \Rightarrow \begin{array}{r} 52 \\ \times\ 0 \\ \hline 0 \end{array}$$

5×0   2×0

⑨ $\begin{array}{r} 10 \\ \times\ 9 \\ \hline \end{array}$ ⑩ $\begin{array}{r} 10 \\ \times\ 1 \\ \hline \end{array}$ ⑪ $\begin{array}{r} 15 \\ \times\ 0 \\ \hline \end{array}$ ⑫ $\begin{array}{r} 10 \\ \times\ 0 \\ \hline \end{array}$

231×3은 다음과 같이 합니다.

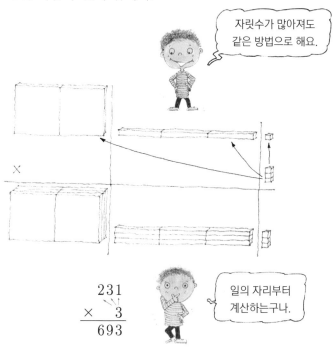

자릿수가 많아져도
같은 방법으로 해요.

```
  231
×   3
─────
  693
```

일의 자리부터
계산하는구나.

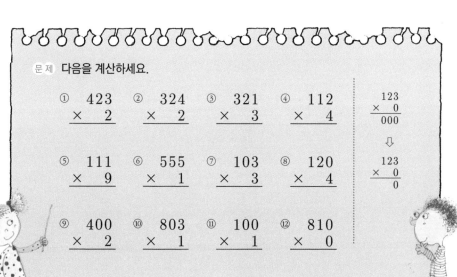

문제 다음을 계산하세요.

① 423
  × 2

② 324
  × 2

③ 321
  × 3

④ 112
  × 4

```
   123
×    0
─────
   000
```
⇩
```
   123
×    0
─────
     0
```

⑤ 111
  × 9

⑥ 555
  × 1

⑦ 103
  × 3

⑧ 120
  × 4

⑨ 400
  × 2

⑩ 803
  × 1

⑪ 100
  × 1

⑫ 810
  × 0

1023×3처럼 (네 자리 수)×(한 자리 수)의 계산도 아래와 같이 각 자리마다 곱셈을 반복하면 됩니다.

자릿수가 많아져도 같은 방법으로 하면 돼요.

$$
\begin{array}{r}
1023 \\
\times \quad 3 \\
\hline
3069
\end{array}
$$

$1×3 \rightarrow 3069 \leftarrow 3×3$

$0×3 \quad\quad 2×3$

그래서 아무리 큰 수가 나타나도 구구단 계산과 '0의 곱셈'으로 답을 구할 수 있습니다.

받아올림이 있는 곱셈은 (두 자리 수)×(한 자리 수)로 자세하게 설명하겠습니다. 이것을 이해하면 (세 자리 수)×(한 자리 수), (네 자리 수)×(한 자리 수), …의 계산도 모두 같은 방법으로 할 수 있습니다.

32×4는 아래의 그림과 같이 생각합니다.

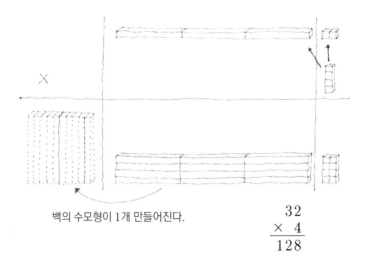

백의 수모형이 1개 만들어진다.

$$
\begin{array}{r}
32 \\
\times \quad 4 \\
\hline
128
\end{array}
$$

문제 다음을 계산하세요.

① 82
  × 4

② 91
  × 5

③ 53
  × 3

④ 21
  × 8

⑤ 60
  × 3

⑥ 50
  × 2

이번에는 28×3을 생각해 볼까요?

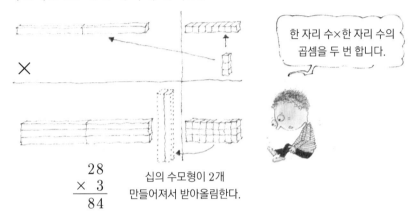

한 자리 수×한 자리 수의
곱셈을 두 번 합니다.

28
× 3
84

십의 수모형이 2개
만들어져서 받아올림한다.

24×8은 조금 더 복잡하지만 여러분은 할 수 있어요.

24
× 8
192

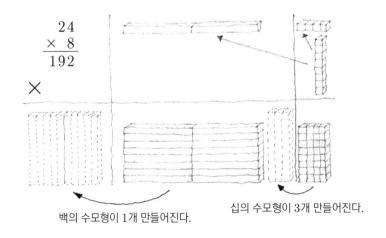

백의 수모형이 1개 만들어진다.

십의 수모형이 3개 만들어진다.

① 74
  × 3

② 27
  × 6

③ 64
  × 3

④ 85
  × 7

⑤ 96
  × 2

⑥ 73
  × 5

⑦ 12
  × 5

⑧ 75
  × 2

⑨ 64
  × 8

⑩ 84
  × 5

⑪ 68
  × 9

⑫ 39
  × 9

⑬ 66
  × 8

⑭ 76
  × 4

⑮ 18
  × 7

⑯ 15
  × 8

⑰ 35
  × 6

⑱ 75
  × 8

⑲ 25
  × 8

⑳ 25
  × 4

문제 2 다음을 계산하세요.

① 932
  × 2

② 321
  × 4

③ 923
  × 3

④ 701
  × 6

⑤ 710
  × 8

⑥ 700
  × 8

⑦ 236
  × 2

⑧ 218
  × 4

⑨ 205
  × 4

⑩ 182
  × 3

⑪ 274
  × 3

⑫ 360
  × 2

⑬ 873
  × 4

⑭ 759
  × 3

⑮ 864
  × 5

⑯ 246
  × 5

⑰ 349
  × 3

⑱ 640
  × 8

⑲ 750
  × 4

⑳ 776
  × 8

㉑ 334
  × 6

㉒ 275
  × 4

㉓ 1234
  ×   9

꼭 해야
합니다.

계산은 연습이
필요합니다.

두 자리 수의 곱셈

23×12는 이제까지와는 조금 다릅니다.

23×12는 276이 되는데, 그 방법은 이제까지와는 조금 다릅니다.

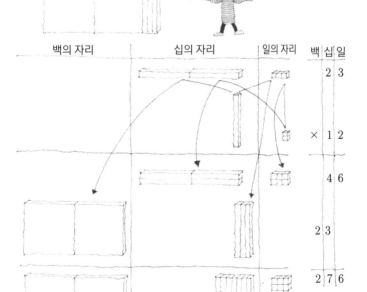

백의 자리	십의 자리	일의 자리

백	십	일
	2	3
×	1	2
	4	6
2	3	
2	7	6

이렇게 자릿수를 맞추어야 쉽지.

일의 자리부터 순서대로 계산하는 것이 좋습니다.

223×12는 다음과 같이 계산합니다.

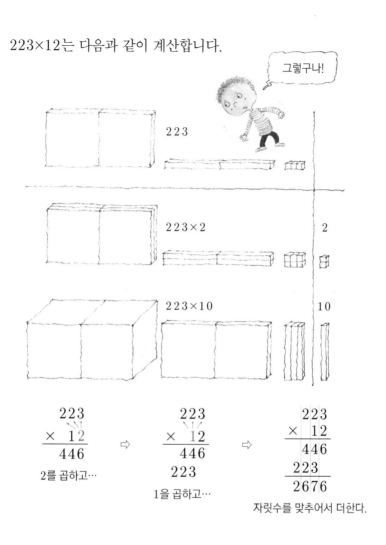

그렇구나!

223

223×2   2

223×10   10

$$\begin{array}{r} 223 \\ \times\ 12 \\ \hline 446 \end{array}$$

2를 곱하고…

⇨

$$\begin{array}{r} 223 \\ \times\ 12 \\ \hline 446 \\ 223 \end{array}$$

1을 곱하고…

⇨

$$\begin{array}{r} 223 \\ \times\ 12 \\ \hline 446 \\ 223 \\ \hline 2676 \end{array}$$

자릿수를 맞추어서 더한다.

모든 자리의 수와
각각 곱셈을 합니다.

일의 자리를 기준으로
자리를 맞춘 다음 더합니다.
이것이 곱셈의 기본입니다.

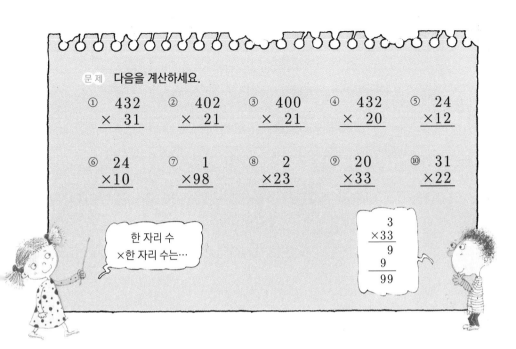

문제 다음을 계산하세요.

①	②	③	④	⑤
432 × 31	402 × 21	400 × 21	432 × 20	24 ×12

⑥	⑦	⑧	⑨	⑩
24 ×10	1 ×98	2 ×23	20 ×33	31 ×22

한 자리 수
×한 자리 수는…

$$\begin{array}{r} 3 \\ \times\,33 \\ \hline 9 \\ 9 \\ \hline 99 \end{array}$$

다음은 받아올림이 있는 계산입니다. (한 자리 수)×(한 자리 수)와
같은 방법으로 하면 됩니다.

$$\begin{array}{r} 376 \\ \times\;39 \\ \hline 3384 \end{array}$$
9를 곱하고…

⇨

$$\begin{array}{r} 379 \\ \times\;39 \\ \hline 3384 \\ 1128 \end{array}$$
3을 곱하고…

⇨

$$\begin{array}{r} 379 \\ \times\quad 39 \\ \hline 3384 \\ 1128 \\ \hline 14664 \end{array}$$
자릿수를 맞추어서 더한다.

$\begin{array}{r} 9 \\ \times\,43 \end{array}$ 과 같은 계산은 오른쪽처럼 합니다.

$$\begin{array}{r} 9 \\ \times\,43 \\ \hline 27 \\ 36 \\ \hline 387 \end{array}$$

또한 $\begin{array}{r} 124 \\ \times\ \ 30 \\ \hline \end{array}$ 과 같을 때는 $\begin{array}{r} 124 \\ \times\ \ 30 \\ \hline 000 \\ 372\ \ \\ \hline 3720 \end{array}$ 처럼 0도 적어두면 계산이

틀리지 않습니다.

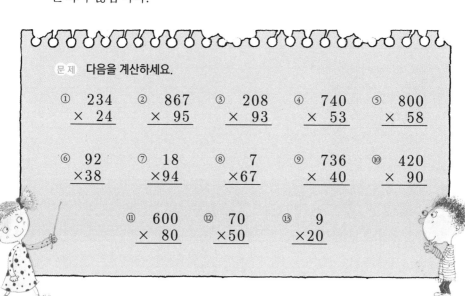

문제 다음을 계산하세요.

① $\begin{array}{r} 234 \\ \times\ 24 \\ \hline \end{array}$　② $\begin{array}{r} 867 \\ \times\ 95 \\ \hline \end{array}$　③ $\begin{array}{r} 208 \\ \times\ 93 \\ \hline \end{array}$　④ $\begin{array}{r} 740 \\ \times\ 53 \\ \hline \end{array}$　⑤ $\begin{array}{r} 800 \\ \times\ 58 \\ \hline \end{array}$

⑥ $\begin{array}{r} 92 \\ \times 38 \\ \hline \end{array}$　⑦ $\begin{array}{r} 18 \\ \times 94 \\ \hline \end{array}$　⑧ $\begin{array}{r} 7 \\ \times 67 \\ \hline \end{array}$　⑨ $\begin{array}{r} 736 \\ \times\ 40 \\ \hline \end{array}$　⑩ $\begin{array}{r} 420 \\ \times\ 90 \\ \hline \end{array}$

⑪ $\begin{array}{r} 600 \\ \times\ 80 \\ \hline \end{array}$　⑫ $\begin{array}{r} 70 \\ \times 50 \\ \hline \end{array}$　⑬ $\begin{array}{r} 9 \\ \times 20 \\ \hline \end{array}$

곱셈의 성질

곱셈은 곱하는 순서를 바꾸어도 결과가 같습니다. 즉, 식을 적을 때는 순서를 바꾸어도 됩니다.

$12 \times 4 = 4 \times 12 = 48$

$a \times b = b \times a$입니다.

곱셈의 결과를 '곱'이라고 합니다.

마지막으로 세 자리 수를 곱하는 연습을 하고, 곱셈 공부를 마칩시다. 아무리 자릿수가 많아도 계산 방법은 같습니다.

$$
\begin{array}{r}
213 \\
\times\,132 \\
\hline
426
\end{array}
\Rightarrow
\begin{array}{r}
213 \\
\times\,132 \\
\hline
426 \\
639
\end{array}
\Rightarrow
\begin{array}{r}
213 \\
\times\,132 \\
\hline
426 \\
639 \\
213 \\
\hline
28116
\end{array}
$$

9를 곱하고…   3을 곱하고…   ←답

1을 곱하고,
자릿수를 맞추어서 더한다.

받아올림이 있을 때도 마찬가지입니다. 또한 0이 들어가는 계산은 다음과 같이 식 중간에 0을 적어두면 틀릴 염려가 없습니다.

$$
\begin{array}{r}
243 \\
\times\,302 \\
\end{array}
\Rightarrow
\begin{array}{r}
243 \\
\times\,302 \\
\hline
486 \\
000 \\
729 \\
\hline
73386
\end{array}
$$

000은 0이라는 말이구나.

① 243
× 212

② 321
× 123

③ 263
× 342

④ 712
× 236

⑤ 555
× 234

⑥ 487
× 627

⑦ 876
× 924

⑧ 182
× 835

⑨ 981
× 746

⑩ 360
× 678

⑪ 400
× 123

⑫ 839
× 207

⑬ 450
× 302

⑭ 550
× 630

⑮ 16
× 352

⑯ 28
× 632

⑰ 8
× 254

거꾸로 계산해도 됩니다.

```
    23
  × 412
    46
   23
  92
  9476
```
⇒
```
   412
  ×  23
  1236
  824
  9476
```

문제 2 다음을 계산하세요

① 정원이 55명인 버스가 8대 있다면 총 몇 명이 탈 수 있을까요?

② 1다스에 1,950원 하는 연필이 있습니다. 12다스라면 얼마일까요? 또한 연필은 모두 몇 자루일까요?

③ 1개에 300원인 과자 5개와 1개에 450원인 과자 12개를 구입했습니다. 만원을 지불했다면 잔돈은 얼마를 받아야 할까요?

④ 가족 4명이 여행을 떠났습니다. 차비는 어른 2명이 각각 34,800원, 어린이 2명이 각각 17,400원이었습니다. 차비는 모두 얼마일까요?

⑤ 가솔린 1리터로 12㎞ 달리는 차가 있습니다. 37리터로 몇 ㎞를 달릴 수 있을까요? 또 가솔린 1리터의 가격이 1,150원이라면 37리터의 가격은 얼마일까요?

0을 포함한 곱셈은 익숙해지면 아래와 같이 간단하게 할 수도 있습니다.

```
    223              223              223              223
  × 130            × 130            × 103            × 103
  -----            -----            -----            -----
    000   ⇨         6690             669    ⇨          669
    669              223             000              223
    223            -----             223             -----
  -----            28990            -----            22969
  28990                             22969
```

```
    223              223
  × 300            × 300
  -----    ⇨       -----
    000             66900
    000
    669
  -----
  66900
```

어때요? 여러분도 잘 할 수 있겠지요?

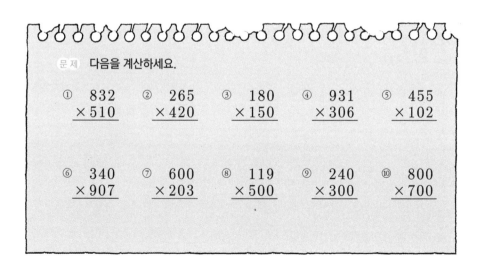

문제 다음을 계산하세요.

```
①   832      ②   265      ③   180      ④   931      ⑤   455
  × 510          × 420          × 150          × 306          × 102
```

```
⑥   340      ⑦   600      ⑧   119      ⑨   240      ⑩   800
  × 907          × 203          × 500          × 300          × 700
```

6 세 수의 곱셈

한 권에 700원인 노트를 한 사람이 5권씩 샀습니다. 32명이 모두 샀다면 전부 얼마일까요?

700(원)×5=3,500(원)   … 한 사람의 금액

3500(원)×32=112,000(원)   … 32명의 금액

이것을

700(원)×5×32=112,000(원)

과 같이 하나의 식으로 적을 수가 있습니다.

위의 설명에는 한 사람이 산 금액을 먼저 구했지만 32명이 산 노트의 수를 먼저 구한 다음 전체 금액을 계산할 수도 있습니다.

5(권)×32=160(권)   …32명이 구입한 노트의 수

700(원)×160=112,000(원)   …160권의 금액

이것으로 아래와 같은 사실을 알 수 있습니다.

(700×5)×32=700×(5×32)

아래의 그림에는 상자가 모두 몇 개 있을까요?

3×4×5=12×5=60(개)

이것은 (3×4)×5로 계산했지만

3×(4×5)=3×20=60(개)

로 계산해도 같습니다.

괄호 안을 먼저 계산합니다.

이렇게 곱셈은 언제나

$(a \times b) \times c = a \times (b \times c)$가 됩니다. 이때 a, b, c에는 각각 어떤 수라도 들어갈 수 있습니다.

이를테면 a의 자리에 3을 넣으면 'a에 3을 대입한다'라고 합니다. 즉, 문자 대신 일정한 수치를 바꿔 넣는 것입니다.

하루, 즉 24시간은 몇 초일까요?

1분=60초

1시간=60분=60×60초=3600초

1일=24시간=24×3600초=86400초라고 계산할 수 있습니다.

이것은 또한

1일=24시간=24×60분=1440분=1440×60초=86400초

이렇게 계산해도 같습니다. 즉,

(24×60)×60=24×(60×60)=86400입니다.

문제   1년을 365일이라고 하면, 1년은 몇 초가 되는지 계산해 봅시다.

곱셈과 덧셈

15+15+15+15+15+15는 얼마일까요?

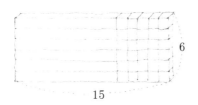

곱셈의 수모형과 똑같습니다.

이렇게 같은 수를 몇 번 더하는 계산은 곱셈으로 답을 구하면 더 편리합니다.

$$\underbrace{a+a+a+a+\cdots+a}_{b\text{개}}=a\times b$$

a나 b에 수를 대입해 봐요.

주의. **같은 문자가 이어질 때, 위와 같이 '⋯'라고 적습니다.**

문제 **곱셈을 이용해서 계산하세요.**

① $\underbrace{7+7+7+\cdots+7}_{52\text{개}}=$ ② $365+365+365+365+365=$

③ $\underbrace{2+2+2+\cdots+2}_{120\text{개}}=$ ④ $\underbrace{10+10+10+\cdots+10}_{100\text{개}}=$

⑤ $\underbrace{12+12+12+\cdots+12}_{10\text{개}}=$

실제로 7을 52번 적으면 너무 길어지기 때문에 그 대신 '⋯'을 사용합니다.

재미있는 곱셈

다음과 같은 모양의 (두 자리 수)×(두 자리 수)의 곱셈은 암산할 수 있습니다.

$$\begin{array}{r} 35 \\ \times 35 \end{array} \qquad \begin{array}{r} 83 \\ \times 87 \end{array} \qquad \begin{array}{r} 18 \\ \times 12 \end{array}$$

'다음과 같은 모양'이란 어떤 모양일까요?

일의 자리 수의 합이 10(5와 5, 3과 7 등)이고, 십의 자리 수가 같을 때의 곱을 말합니다. 방법은 아래와 같습니다.

$$\begin{array}{r} 64 \\ \times 66 \end{array} \qquad \Rightarrow \qquad \begin{array}{r} 64 \\ \times 66 \\ \hline 24 \end{array} \qquad \Rightarrow \qquad \begin{array}{r} 64 \\ \times 66 \\ \hline 4224 \end{array}$$

① 일의 자리 수끼리 곱한다.
    4×6=24

② (십의 자리 수+1)×(십의 자리 수)
    =7×6=42
    이것을 ① 바로 앞에 둔다.

이런 방법으로 위의 3개의 곱셈을 해 보세요.

이를테면 27×23=621이 되는 이유는 아래와 같습니다.

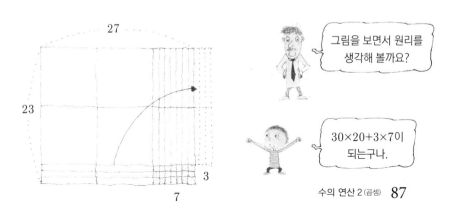

그림을 보면서 원리를 생각해 볼까요?

30×20+3×7이 되는구나.

난 이제 수학박사가
될 수 있어!!

☆ 4장

수의 연산 3(나눗셈)

무엇이든지 기초가 중요해.
수학에서는 사칙연산이
기본 중 기본이고

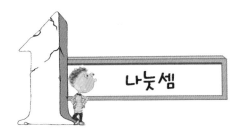

나눗셈

여름방학에 소풍을 갔습니다. 12데시리터(dℓ)의 쌀을 3번 나누어서 밥을 지었습니다. 한 번에 몇 데시리터의 쌀로 밥을 지었을까요?

이렇게 1회분을 구하는 계산을 나눗셈이라고 하고

$12(dℓ) \div 3$

이라고 계산합니다. 그리고 답은 아래와 같이 구할 수 있습니다.

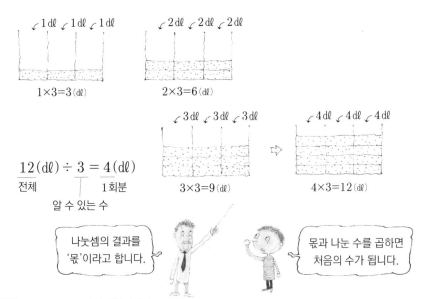

$1 \times 3 = 3(dℓ)$ $2 \times 3 = 6(dℓ)$

$$\underset{\text{전체}}{12(dℓ)} \div 3 = \underset{\substack{\text{1회분} \\ \text{알 수 있는 수}}}{4(dℓ)}$$

$3 \times 3 = 9(dℓ)$ $4 \times 3 = 12(dℓ)$

나눗셈의 결과를 '몫'이라고 합니다.

몫과 나눈 수를 곱하면 처음의 수가 됩니다.

나눗셈은 전체의 수에서 한 묶음에 들어 있는 수를 구하는 계산입니다. 곱셈은 한 묶음에 들어 있는 수에서 전체의 수를 구하는 계산이었으므로 나눗셈은 곱셈과 반대의 계산이라고 할 수 있습니다.

문제 1 8m의 끈을 4명이 같은 길이로 나누었습니다. 한 사람이 가진 끈의 길이는 몇 m일까요?

문제 2 12개의 쿠키를 3명이 나누어 가졌습니다. 한 사람이 몇 개씩 가졌을까요?

문제 3 12km의 길을 같은 속도로 3시간에 걸쳐서 걸었습니다. 1시간에 몇 km 걸었을까요?

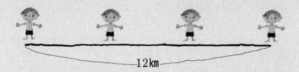

12km

문제 4 12장의 카드를 4명에게 1장씩 나누어 주었습니다. 모든 카드를 다 나누어 주면 한 사람이 몇 장의 카드를 가질까요?

카드를 돌리는 사람

남은 카드 →

12장의 카드를 한 사람에게 3장씩 나누어 주면 몇 명에게 나누어
줄 수 있을까요?

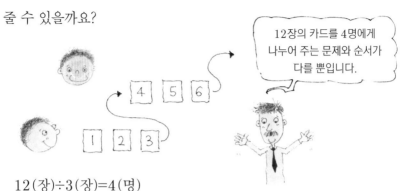

> 12장의 카드를 4명에게
> 나누어 주는 문제와 순서가
> 다를 뿐입니다.

12(장)÷3(장)=4(명)

🔴 답 = 4명

이렇게 같은 수(같은 양)로 나누어 가지면 몇 개로 나누어지는가,
이런 계산도 나눗셈입니다.

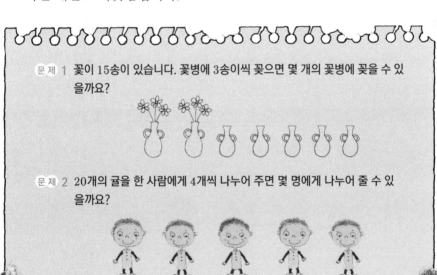

문제 1 꽃이 15송이 있습니다. 꽃병에 3송이씩 꽂으면 몇 개의 꽃병에 꽃을 수 있
을까요?

문제 2 20개의 귤을 한 사람에게 4개씩 나누어 주면 몇 명에게 나누어 줄 수 있
을까요?

문제 3 300원으로 1장에 50원인 도화지를 몇 장 살 수 있을까요?

나눗셈을 수모형으로 생각해 볼까요?

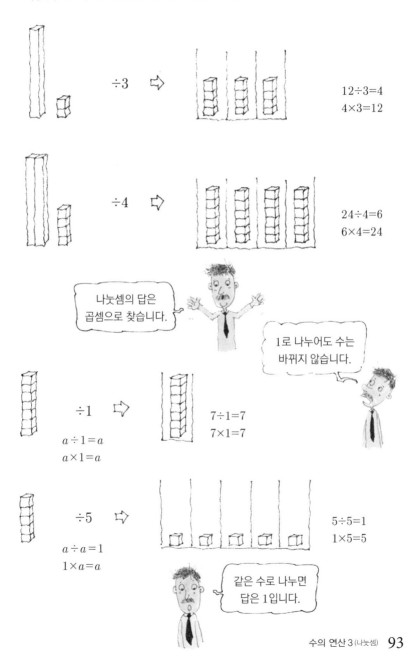

$12 \div 3 = 4$
$4 \times 3 = 12$

$24 \div 4 = 6$
$6 \times 4 = 24$

나눗셈의 답은
곱셈으로 찾습니다.

1로 나누어도 수는
바뀌지 않습니다.

$7 \div 1 = 7$
$7 \times 1 = 7$

$a \div 1 = a$
$a \times 1 = a$

$5 \div 5 = 1$
$1 \times 5 = 5$

$a \div a = 1$
$1 \times a = a$

같은 수로 나누면
답은 1입니다.

9개의 캐러멜을 4명이 나누어 먹는다면 한 사람이 몇 개씩 가질 수 있을까요? 이 나눗셈은 다음과 같이 합니다.

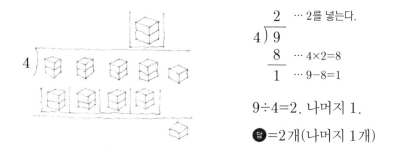

$$\begin{array}{r} 2 \quad \cdots 2를 넣는다. \\ 4\overline{)\,9} \\ 8 \quad \cdots 4\times2=8 \\ \hline 1 \quad \cdots 9-8=1 \end{array}$$

9÷4=2. 나머지 1.

답=2개(나머지 1개)

나머지가 없을 때는 '나누어떨어진다'고 합니다.

8은 4로 나누어떨어집니다.

$$\begin{array}{r} 2 \\ 4\overline{)\,8} \\ 8 \\ \hline 0 \end{array}$$

나머지가 0입니다.

32는 4로 나누어떨어지지만 33은 4로 나누면 1이 남습니다.

$$\begin{array}{r} 8 \\ 4\overline{)\,32} \\ 32 \\ \hline 0 \end{array} \qquad \begin{array}{r} 8 \\ 4\overline{)\,33} \\ 32 \\ \hline 1 \end{array}$$

구구단을 사용해서 8을 넣습니다.

다음을 계산하세요.

① 8)30 ② 7)32 ③ 5)24 ④ 9)80 ⑤ 9)15

⑥ 4)7 ⑦ 7)68 ⑧ 4)30 ⑨ 7)50 ⑩ 6)47

⑪ 9)46 ⑫ 8)49 ⑬ 6)42 ⑭ 2)12 ⑮ 3)21

⑯ 4)20 ⑰ 5)15 ⑱ 2)8 ⑲ 7)63 ⑳ 4)32

㉑ 6)36 ㉒ 7)49 ㉓ 6)48 ㉔ 9)45 ㉕ 8)48

㉖ 1)7 ㉗ 8)5 ㉘ 4)4 ㉙ 9)9 ㉚ 1)1

$$\begin{array}{r} 0 \\ 7{\overline{\smash{\big)}\,6}} \\ \underline{0} \\ 6 \end{array}$$

6÷7은 어떻게 될까요? 오른쪽처럼 답은 0, 나머지는 6 입니다. 이를테면 6개의 연필을 7명이 똑같이 나누려고 하면 0자루씩 나뉘고 나머지가 6자루, 즉 아무도 연필을 가질 수가 없습니다.

$$\begin{array}{r} 0 \\ 3{\overline{\smash{\big)}\,0}} \\ \underline{0} \\ 0 \end{array}$$

0자루의 연필을 3명이 나눈다면, 각각 0자루씩 갖게 됩니다. 즉 아무도 가질 수 없습니다. 0은 몇으로 나누어 도 0입니다.

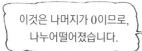

이것은 나머지가 0이므로,
나누어떨어졌습니다.

문제 다음을 계산하세요.

① $7{\overline{\smash{\big)}\,5}}$ ② $9{\overline{\smash{\big)}\,8}}$ ③ $3{\overline{\smash{\big)}\,1}}$

④ $5{\overline{\smash{\big)}\,4}}$ ⑤ $2{\overline{\smash{\big)}\,0}}$ ⑥ $1{\overline{\smash{\big)}\,0}}$

한 자리 수의 나눗셈

74÷3

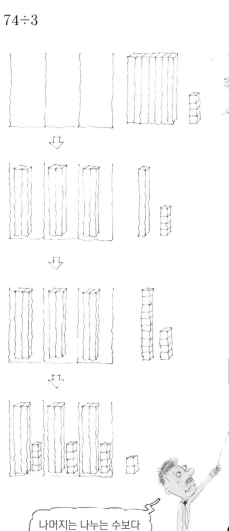

계산할 때는
3)74 라고 쓰지.

처음에는
3)7 을 계산해요.

```
   2      … 2를 넣는다.
3) 7
   6      … 3과 2를 곱한다.
   1      … 7에서 6을 뺀다.
```

```
    2
3) 74
   6
   14     … 4를 내린다
```

다음에는 3)14 를 계산합니다.

```
    24     … 4를 넣는다.
3) 74
   6
   ─────
   14
   12     … 3과 4를 곱한다.
   ─────
    2     … 14에서 12를 뺀다.
```

나머지는 나누는 수보다
작아야 합니다.

답 =24 (나머지 2)

앞쪽의 수모형 그림을 보고, 나눗셈의 의미를 잘 생각해 봅시다.

나눗셈은 '넣는다 → 곱한다 → 뺀다 → 내린다'라는 4개의 순서를 반복해서 계산합니다.

문제 1 다음을 계산하세요.

① 4)95 ② 2)53 ③ 3)86 ④ 4)54 ⑤ 5)68 ⑥ 7)86

⑦ 6)84 ⑧ 7)91 ⑨ 3)42 ⑩ 5)60 ⑪ 4)44 ⑫ 3)68

⑬ 4)89 ⑭ 2)86 ⑮ 7)77 ⑯ 1)23 ⑰ 3)62

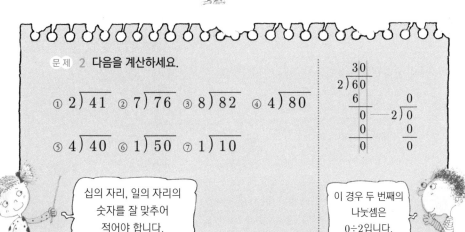

두 번째의 나눗셈은 1÷2입니다.

여기에 0은 적지 않는다. →

```
    30
2)6 1
  6
    1
    0
    1
```

```
  0
2)1
  0
  1
```

문제 2 다음을 계산하세요.

① 2)41 ② 7)76 ③ 8)82 ④ 4)80

⑤ 4)40 ⑥ 1)50 ⑦ 1)10

```
    30
2)6 0
  6
    0
    0
    0
```

```
  0
2)0
  0
  0
```

십의 자리, 일의 자리의 숫자를 잘 맞추어 적어야 합니다.

이 경우 두 번째의 나눗셈은 0÷2입니다.

$743 \div 3$

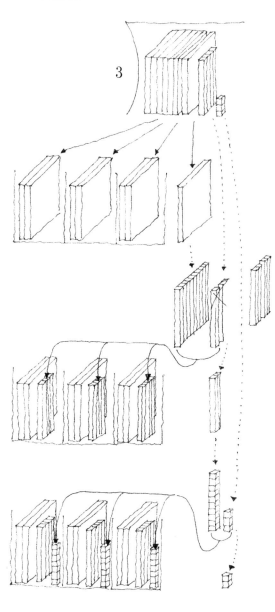

$3 \overline{)743}$

$$
\begin{array}{r}
2 \\
3 \overline{)7\,\square} \\
6 \\
\hline
1
\end{array}
$$
… 넣는다
… 곱한다
… 뺀다

⇩

$$
\begin{array}{r}
2 \\
3 \overline{)74\,\square} \\
6 \\
\hline
14
\end{array}
$$
… 내린다

⇩

$$
\begin{array}{r}
24 \\
3 \overline{)74\,\square} \\
6 \\
\hline
14 \\
12 \\
\hline
2
\end{array}
$$
… 넣는다
… 곱한다
… 뺀다

⇩

$$
\begin{array}{r}
24 \\
3 \overline{)743} \\
6 \\
\hline
14 \\
12 \\
\hline
23
\end{array}
$$
… 내린다

⇩

$$
\begin{array}{r}
24 \\
3 \overline{)743} \\
6 \\
\hline
14 \\
12 \\
\hline
23 \\
21 \\
\hline
2
\end{array}
$$
… 넣는다
… 곱한다
… 뺀다

답=247(나머지 2)

문제 1 다음을 계산하세요.

① 4)743 ② 3)856 ③ 2)735 ④ 3)986 ⑤ 2)424

⑥ 5)782 ⑦ 4)616 ⑧ 2)317 ⑨ 6)789 ⑩ 7)785

⑪ 3)400 ⑫ 5)608 ⑬ 5)555 ⑭ 1)111

문제 2 다음을 계산하세요.

① 3)623 ② 6)617 ③ 7)749 ④ 8)876 ⑤ 7)707

⑥ 6)608 ⑦ 2)808 ⑧ 1)202 ⑨ 2)581 ⑩ 3)632

⑪ 6)725 ⑫ 4)880 ⑬ 3)602 ⑭ 9)905 ⑮ 2)801

⑯ 3)900 ⑰ 5)500

$$
\begin{array}{r}
100 \\
7\overline{)703} \\
7 \\
\hline
0 \\
0 \\
\hline
3 \\
0 \\
\hline
3
\end{array}
\Rightarrow
\begin{array}{r}
100 \\
7\overline{)703} \\
7 \\
\hline
3
\end{array}
\qquad
\begin{array}{r}
201 \\
3\overline{)604} \\
6 \\
\hline
0 \\
0 \\
\hline
4 \\
3 \\
\hline
1
\end{array}
\Rightarrow
\begin{array}{r}
201 \\
3\overline{)604} \\
6 \\
\hline
4 \\
3 \\
\hline
1
\end{array}
$$

이렇게 0을 넣을 때는
계산 과정을
생략해도 됩니다

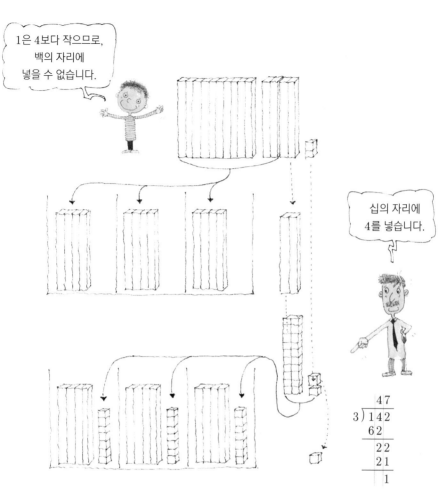

1은 4보다 작으므로, 백의 자리에 넣을 수 없습니다.

십의 자리에 4를 넣습니다.

$142 \div 3$ 답 $= 47$(나머지 1)

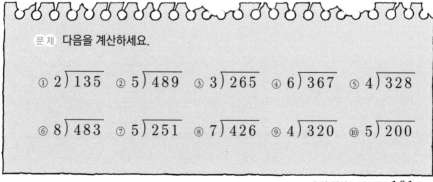

문제 다음을 계산하세요.

① $2\overline{)135}$ ② $5\overline{)489}$ ③ $3\overline{)265}$ ④ $6\overline{)367}$ ⑤ $4\overline{)328}$

⑥ $8\overline{)483}$ ⑦ $5\overline{)251}$ ⑧ $7\overline{)426}$ ⑨ $4\overline{)320}$ ⑩ $5\overline{)200}$

3 두 자리 수의 나눗셈

두 자리 수 나눗셈은 조금 복잡합니다. 78÷24를 풀어볼까요?

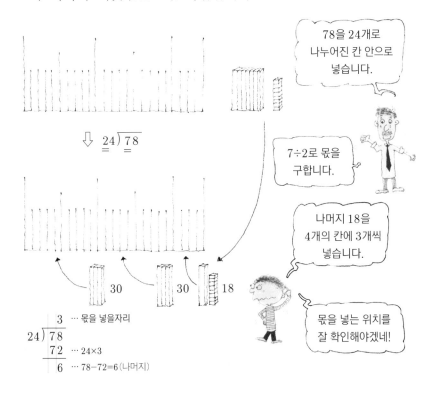

78을 24개로
나누어진 칸 안으로
넣습니다.

7÷2로 몫을
구합니다.

나머지 18을
4개의 칸에 3개씩
넣습니다.

몫을 넣는 위치를
잘 확인해야겠네!

$$24 \overline{)78}$$

```
      3  … 몫을 넣을자리
24 )  78
     72  … 24×3
      6  … 78−72=6 (나머지)
```

문제 다음을 계산하세요.

① $32\overline{)85}$ ② $23\overline{)52}$ ③ $41\overline{)93}$ ④ $38\overline{)76}$ ⑤ $13\overline{)28}$

⑥ $22\overline{)48}$ ⑦ $31\overline{)64}$ ⑧ $12\overline{)36}$ ⑨ $11\overline{)56}$ ⑩ $20\overline{)43}$

$$28\overline{)81} \Rightarrow 2\square\overline{)8\square} \Rightarrow \begin{array}{r} 4 \\ 28\overline{)81} \\ 112 \end{array} \Rightarrow \begin{array}{r} 3 \\ 28\overline{)81} \\ 84 \end{array} \Rightarrow \begin{array}{r} 2 \\ 28\overline{)81} \\ 56 \\ \hline 25 \end{array}$$

①   ②   ③   ④

$81 \div 28$

2$\overline{)8}$이므로 몫 4를 넣고….

몫을 넣는 위치는 ①입니다.
십의 자리의
몫은 나올 수가 없습니다.

4는 너무 크기 때문에
3으로 다시 확인해 보고….

3도 너무 크기 때문에 2로
줄이면 나눗셈이 가능합니다.

문제 **다음을 계산하세요.**

① $27\overline{)52}$ ② $39\overline{)75}$ ③ $45\overline{)93}$ ④ $13\overline{)67}$ ⑤ $14\overline{)56}$

⑥ $14\overline{)52}$ ⑦ $15\overline{)90}$ ⑧ $17\overline{)87}$ ⑨ $18\overline{)91}$ ⑩ $19\overline{)91}$

$128 \div 21$

12개를 6개씩 큰 칸 속으로 넣는다.

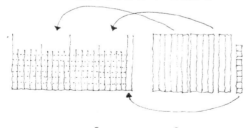

1개의 칸에 6개씩
들어갑니다.

$$21\overline{)128} \qquad 2\square\overline{)12\square} \qquad \begin{array}{r} 6 \\ 21\overline{)128} \\ 126 \\ \hline 2 \end{array}$$

$193 \div 24$

$$24\overline{)193} \quad \Rightarrow \quad \underset{=}{2}\square\overline{)\underset{=}{19}\square}^{\,9} \quad \Rightarrow \quad 24\overline{)193}^{\,9} \atop 216 \quad \Rightarrow \quad 24\overline{)193}^{\,8} \atop {192 \over 1}$$

9를 넣을 수 없으므로
1을 줄입니다.

↑
뺄 수 없다

만약 이것도 크다면
1씩 줄여나가면 됩니다.

문제 **1** 다음을 계산하세요.

① $23\overline{)139}$ ② $41\overline{)328}$ ③ $93\overline{)745}$ ④ $72\overline{)450}$ ⑤ $62\overline{)200}$

⑥ $25\overline{)155}$ ⑦ $48\overline{)241}$ ⑧ $37\overline{)243}$ ⑨ $69\overline{)549}$ ⑩ $27\overline{)160}$

$$26\overline{)248} \quad \Rightarrow \quad \underset{=}{2}\square\overline{)\underset{=}{24}\square} \quad \Rightarrow \quad \underset{=}{2}\square\overline{)\underset{=}{24}\square}^{\,\bigstar} \quad \Rightarrow \quad 26\overline{)248}^{\,9} \atop {234 \over 14}$$

몫은 10보다 작을 것이므로
★의 자리에 넣습니다.

10보다 작기 때문에 9부터
몫의 자리에 넣고 확인해 봅니다.

문제 **2** 다음을 계산하세요.

① $23\overline{)218}$ ② $47\overline{)453}$ ③ $77\overline{)736}$ ④ $14\overline{)132}$ ⑤ $13\overline{)117}$

⑥ $38\overline{)303}$ ⑦ $27\overline{)221}$ ⑧ $15\overline{)123}$ ⑨ $28\overline{)200}$ ⑩ $16\overline{)109}$

$193 \div 24$

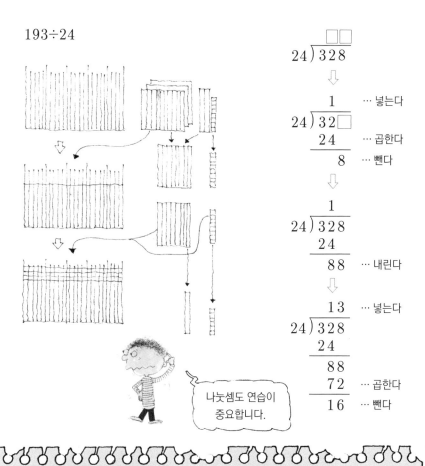

$$24\overline{)328}$$ □□

⇩

$$24\overline{)32□}$$ 1 ··· 넣는다
24 ··· 곱한다
8 ··· 뺀다

⇩

$$24\overline{)328}$$ 1
24
88 ··· 내린다

⇩

$$24\overline{)328}$$ 13 ··· 넣는다
24
88
72 ··· 곱한다
16 ··· 뺀다

나눗셈도 연습이 중요합니다.

문제 다음을 계산하세요.

① $24\overline{)846}$ ② $56\overline{)857}$ ③ $37\overline{)965}$ ④ $26\overline{)555}$ ⑤ $15\overline{)394}$

⑥ $44\overline{)539}$ ⑦ $17\overline{)318}$ ⑧ $12\overline{)941}$ ⑨ $19\overline{)494}$ ⑩ $15\overline{)640}$

$$\begin{array}{r} 20 \\ 46\overline{)957} \\ 92 \\ \hline 37 \\ 00 \\ \hline 37 \end{array}$$ ⇨ 간단하게 적으면 된다. $$\begin{array}{r} 20 \\ 46\overline{)957} \\ 92 \\ \hline 37 \end{array}$$

⑪ $41\overline{)825}$ ⑫ $18\overline{)567}$

⑬ $32\overline{)960}$ ⑭ $20\overline{)888}$

⑮ $40\overline{)900}$ ⑯ $10\overline{)500}$

8276÷26

1977÷23

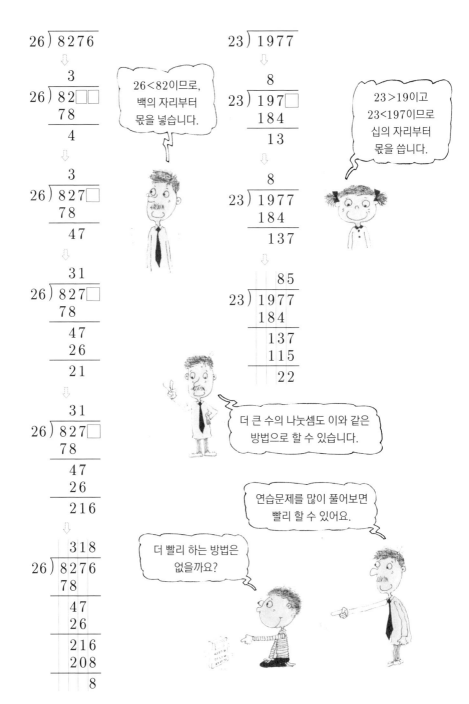

26<82이므로, 백의 자리부터 몫을 넣습니다.

23>19이고 23<197이므로 십의 자리부터 몫을 씁니다.

더 큰 수의 나눗셈도 이와 같은 방법으로 할 수 있습니다.

연습문제를 많이 풀어보면 빨리 할 수 있어요.

더 빨리 하는 방법은 없을까요?

다음을 계산하세요.

① 11) 8765　　② 12) 5678　　③ 23) 9876　　④ 24) 6789

⑤ 54) 8013　　⑥ 43) 9980　　⑦ 50) 7707　　⑧ 34) 5600

⑨ 19) 4194　　⑩ 46) 5992　　⑪ 25) 3750　　⑫ 30) 6600

⑬ 35) 7082　　⑭ 67) 6809　　⑮ 13) 4004　　⑯ 15) 3045

⑰ 25) 5013　　⑱ 26) 7812　　⑲ 18) 3600　　⑳ 40) 8000

㉑ 99) 1234　　㉒ 98) 4321　　㉓ 87) 5432　　㉔ 86) 2022

㉕ 32) 2121　　㉖ 56) 2243　　㉗ 24) 1204　　㉘ 13) 1053

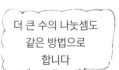

더 큰 수의 나눗셈도
같은 방법으로
합니다

```
          2880
   89 ) 34567
        24
        105
         96
          96
          96
           7
```

몫이 몇 자리 수가
되는지만 알면
계속해서 계산
할 수 있습니다.

```
           1387
   89 ) 123456
         89
         344
         267
          775
          712
           636
           623
            13
```

① 56)70384 ② 18)11375 ③ 45)10204 ④ 99)112233

⑤ 33)55555 ⑥ 74)14950 ⑦ 13)40000 ⑧ 24)722680

나누는 수가 세 자리 수인
경우를 해결하고 졸업합시다.

```
         3□
123) 4567
     369
      87
```

⬇

```
         3□
123) 4567
     369
     877
     861
      16
```

몫은 두자리
수입니다.

```
        3□□
123) 45678
     369
      87
```
⬇
```
        37
123) 45678
     369
     877
     861
     168
```
⬇
```
       371
123) 45678
     369
     877
     861
     168
     123
      45
```

몫은 세 자리
수입니다.

아무리 큰 수의
나눗셈이라도
방법은 똑같습니다.

문제 1 다음을 계산하세요.

① $321\overline{)45687}$ ② $123\overline{)87654}$ ③ $345\overline{)67890}$ ④ $222\overline{)98760}$

⑤ $532\overline{)760481}$ ⑥ $789\overline{)123456}$ ⑦ $121\overline{)10043}$

⑧ $101\overline{)10201}$ ⑨ $1234\overline{)567890}$ ⑩ $1001\overline{)99099}$

모를 때는 앞으로
되돌아가서
다시 읽어봅시다.

문제 2 다음을 계산하세요.

① 유정이네 집의 넓이는 98㎡이고, 가족은 4명입니다. 1인당 면적은 몇 ㎡일까
요? (몫만 생각하고 나머지는 생각하지 않습니다)

② 서울의 면적은 606㎢이고, 그곳에 약 1,035만 명의 사람이 살고 있습니다.
1㎢에 몇 명의 사람이 살고 있을까요? 또한 제주도의 면적은 1,848㎢이고 인
구는 약 56만 명입니다. 1㎢에 몇 명의 사람이 살고 있을까요? (몫만 구하세요)

③ 우리나라의 면적은 99,585㎢이고, 인구는 4,800만 명입니다. 1㎢에 몇 명의 사람이 살고 있을까요? (몫만 구하세요. 이것을 '인구밀도'라고 합니다)

④ 어느 달리기 선수가 약 42,200m의 거리를 2시간 15분 만에 달렸습니다. 이 선수는 100m를 몇 초에 달린 셈일까요? (몫만 구하세요)

인구밀도(1㎢당 인구)

미국	…29명
러시아	…9명
프랑스	…106명
중국	…130명
오스트레일리아	…2명
네덜란드	…376명
싱가포르	…6046명

(2006년 자료입니다)

인구밀도는 '높다' 또는 '낮다'로 표현해.

우리나라는 인구밀도가 높구나.

나눗셈과 뺄셈

32개의 캐러멜을 한 사람에게 5개씩 나누어 준다면 몇 명에게 나누어 줄 수 있을까요?

답=6명(나머지 2개)

계산식은 32(개)÷5(개)이지만 실제로 나눌 때는

$$32-5-5-5-5-5-5=2$$

처럼 합니다.

> 6번을 빼니 나머지가
> 5(개)보다 작아졌습니다.
> 그 횟수인 6이 나눗셈의 몫입니다.

이렇게 어떤 수 a를 b로 나누었을 때의 몫이 d, 나머지가 c라는 것은 a에서 b를 d번 뺀 결과가 $c(b > c)$라는 것입니다. 컴퓨터도 나눗셈은 뺄셈으로 계산하고 있습니다.

$$a \div b = d \ (\text{나머지} c)$$

$$\Downarrow$$

$$\underbrace{a - b - b - b - \cdots - b}_{\substack{d\text{번} \\ \text{뺀 수}}} = c$$

> c가 0이면, 나누어
> 떨어졌다는 뜻입니다.

컴퓨터의 나눗셈

$10000 \div 2 = ?$

⇩

$10000 - 2 - 2 - \cdots - 2 = 0$

5000번

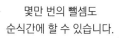
몇만 번의 뺄셈도 순식간에 할 수 있습니다.

문제 다음 나눗셈의 몫과 나머지를 뺄셈으로 구하세요.

① $43 \div 7$ ② $120 \div 45$ ③ $2400 \div 500$ ④ $100 \div 25$ ⑤ $365 \div 30$

체크

$0 \div a$ (a는 0이 아닌 수)의 계산에서 몫과 나머지는 항상 0입니다.

$0 \div a$ 는?

한 번도 뺄 수가 없다.

$0 \div 2 = 0$
$0 \div 4 = 0$

$a \div 0$이라는 계산은 잘못된 것입니다. 0으로 나누는 계산은 할 수가 없습니다(전자계산기, 컴퓨터도 계산할 수 없습니다).

$0 - 0 = 0$ $0 - 0 - 0 - 0 = 0$
1번   3번

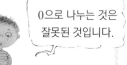
0으로 나누는 것은 잘못된 것입니다.

$a - 0 - 0 - 0 - 0 - \cdots - 0 = a$

0을 몇 번 빼도 답은 a

나눗셈과 곱셈의 관계

365÷24를 그림으로 생각하면 아래와 같습니다.

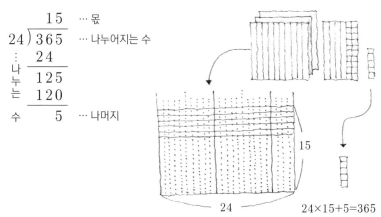

```
        15   … 몫
 24 ) 3 6 5   … 나누어지는 수
  :    2 4
 나    ─────
 누    1 2 5
 는    1 2 0
 수      5   … 나머지
```

15

24

24×15+5=365

이렇게 나눗셈에서는

(나누는 수)×(몫)+(나머지)=(나누어지는 수)라는 관계가 있습니다.

이것을 이용하면 나눗셈의 답이 맞는지 틀렸는지 검산할 수 있습니다. 나머지가 없어서 나누어떨어질 때는 나머지가 0이므로

(나누는 수)×(몫)=(나누어지는 수)가 됩니다.

또한 (나누는 수)×(몫)=(나누어지는 수)−(나머지)라고 해도 되는데, 이것은 처음부터 나머지만큼 줄이면 나누어떨어진다는 사실을 나타내고 있습니다.

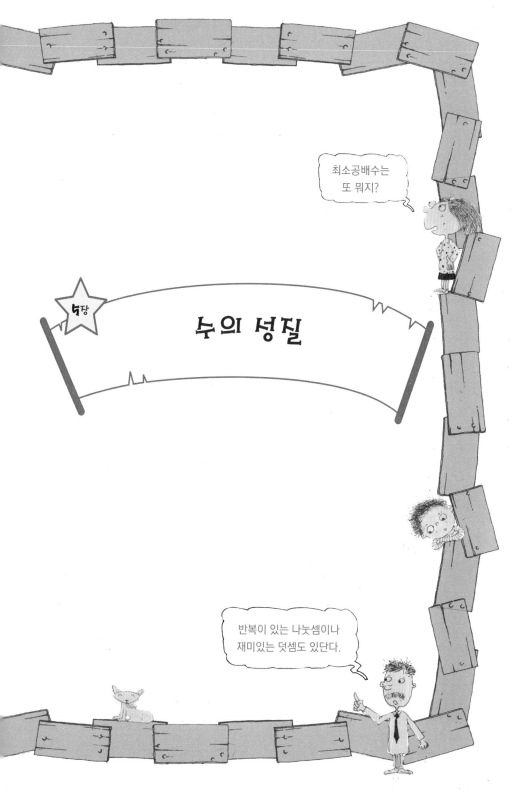

최소공배수는
또 뭐지?

5장

수의 성질

반복이 있는 나눗셈이나
재미있는 덧셈도 있단다.

구구단표를 관찰하자

	0	1	2	3	4	5	6	7	8	9
0	0	0	0	0	0	0	0	0	0	0
1	0	1	2	3	4	5	6	7	8	9
2	0	2	4	6	8	10	12	14	16	18
3	0	3	6	9	12	15	18	21	24	27
4	0	4	8	12	16	20	24	28	32	36
5	0	5	10	15	20	25	30	35	40	45
6	0	6	12	18	24	30	36	42	48	54
7	0	7	14	21	28	35	42	49	56	63
8	0	8	16	24	32	40	48	56	64	72
9	0	9	18	27	36	45	54	63	72	81

0단이 있는
구구단!

문제 다음 문제를 풀어보세요.

① 5단의 일의 자리에는 어떤 수가 있을까요?

② 2단의 일의 자리에는 어떤 수가 있을까요? 4단, 8단은 어떨까요?

③ 3단의 일의 자리에는 어떤 수가 있을까요? 3단과 같은 것으로는 몇 단이 있을까요?

④ 9단의 일의 자리는 어떻게 나열되어 있을까요?

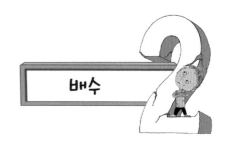

배수

40, 15, 55, 30은 5의 배수입니다.

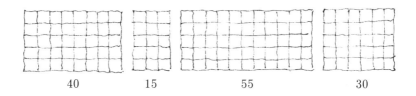

| 40 | 15 | 55 | 30 |

5의 배수란 5에 어떤 수를 곱해서 만들어지는 수입니다. 5로 나누어 떨어지는 수라고도 할 수 있습니다.

5×1=5이므로 5는 5의 배수입니다.

5×0=0이므로 0도 5의 배수입니다.

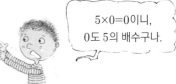

5×0=0이니,
0도 5의 배수구나.

문제 다음 문제를 풀어보세요.

① 다음 수 중 5의 배수는 어느 것일까요?

38   120   49   11   10   422   105   0

② 5의 배수의 일의 자리는 어떤 수일까요?

③ (5의 배수)+(5의 배수), (5의 배수)−(5의 배수)는 어떤 수일까요?

④ (5의 배수)×a는 어떤 수일까요?(a는 정수)

14, 6, 8, 22, 10은 2의 배수입니다. 모두 2로 나누어떨어집니다.

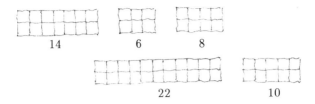

2도 2의 배수입니다. $2 \times 0 = 0$ $(0 \div 2 = 0)$이므로 0도 2의 배수입니다. 2의 배수를 짝수라고 합니다. 2의 배수보다 1 큰 수를 홀수라고 합니다. 홀수는 2로 나누었을 때 1이 남습니다.

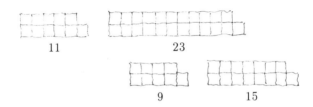

문제 다음 문제를 풀어보세요.

(1) 다음 중 짝수는 어느 것일까요? 또한 홀수는 어느 것일까요?

18   103   2016   5   1977   52   2   88

(2) 짝수의 일의 자리는 어떤 수일까요?

(3) 다음 계산을 한 답은 짝수일까요, 홀수일까요?

① 짝수+짝수   ② 짝수-짝수
③ 짝수+홀수   ④ 홀수+홀수
⑤ 홀수-홀수   ⑥ 짝수×짝수
⑦ 짝수×홀수   ⑧ 홀수×홀수

짝수나 홀수의 수를
대입하여 생각해 보면
쉬워요.

54, 90, 153은 9에 어떤 수를 곱해서 만들어진 수이며, 9의 배수입니다.

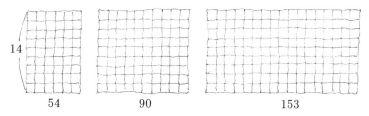

14

54   90   153

문제 다음 수 중 9의 배수는 어느 것일까요?

13   720   99   108   2002   929   999   37180

어떤 수를 9로 나누었을 때 나누어떨어지면 그 수는 9의 배수입니다. 그런데 나눗셈을 하지 않고도 9의 배수임을 알 수 있는 방법은 없을까요?

이를테면 232가 9의 배수인가 아닌가를 조사하기 위해서는 다음과 같이 합니다.

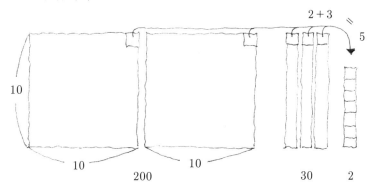

2 + 3

5

10

10   10   30   2

200

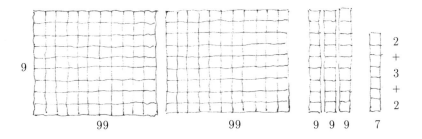

$$232 = (100+100) + (10+10+10) + 2$$
$$= (99+99) + (9+9+9) + 2+3+2$$

즉, 232의 각각의 자리의 수를 더하면 2+3+2=7. 결과의 7이 9
로 나누어떨어지는가 아닌가를 조사하면 됩니다. 7은 9로 나누어떨
어지지 않습니다. 실제로 232를 9로 나누면 나머지가 7입니다.

그렇다면 1977은 9로 나누어떨어질까요?

$$1977 = 1000 + 9 \times 100 + 7 \times 10 + 7$$
$$= (999+1) + (9 \times 99 + 9) + (7 \times 9 + 7) + 7$$
$$= (999) + (9 \times 99) + (7 \times 9) + (1+9+7+7)$$
$$= \underbrace{(999) + (9 \times 99) + (7 \times 9)}_{\text{이 수는 9로 나누어떨어지고,}} + \underbrace{24}_{\text{6이 남는다.}}$$

위의 식을 수모형으로
생각하면 쉽게 이해돼요.

1997을 9로
나누면 6이 남아요.

이렇게 어떤 수가 9로 나누어떨어지는지 아닌지는 각각의 자릿수
의 합이 9로 나누어떨어지는가 아닌가를 계산하면 됩니다.

앞에서의 문제를 이 방법으로 확인해 봅시다.

9, 99, 999, 9999 등은 3으로 나누어떨어집니다. 그러므로 어떤 수가 3으로 나누어떨어지는지 아닌지도 같은 방법으로 계산할 수 있습니다.

이를테면 1986은 9로는 나누어떨어지지 않지만 3으로는 나누어떨어집니다.

1+9+8+6=24이므로, 3으로 나누어떨어집니다.

앞의 수모형 그림과 같은 방법인데, 나머지가 다릅니다.

문제 1 다음 수를 3으로 나누었을 때, 그 나머지를 위의 방법으로 구해 보세요.

① 365 ② 1203 ③ 54321 ④ 1001 ⑤ 888

문제 2 올림픽은 4로 나누어떨어지는 연도에 열립니다. 1988년에는 서울에서 올림픽이 열렸습니다.
어떤 연도가 4의 배수인지 아닌지는 그 연도에서 백의 자리보다 큰 수를 모두 떼내고 난 다음, 아래 두 자리 수가 4로 나누어떨어지는지 아닌지를 계산하면 됩니다. 그렇다면 왜 그런지 이유를 생각해 보세요.

100은 4로 나누어떨어져요.

$$\begin{array}{r} 1998 \\ -1900 \\ \hline 88 \end{array}$$
⇧
4로 나누어떨어진다.

1900도 4로 나누어떨어진단다.

7의 배수는 달력과 관계가 있습니다. 어느 달의 달력이 아래와 같습니다.

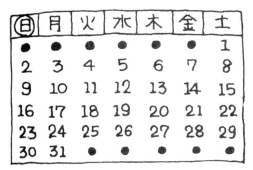

이 달력에서 7, 14, 21, 28일은 7로 나누어떨어지고, 모두 금요일입니다.

위의 달력에서 23일은 일요일입니다. 23을 7로 나누면 나머지가 2입니다. 이달의 어떤 날을 7로 나누었을 때 나머지가 2이면 그날은 모두 일요일입니다.

이달의 날짜는 7로 나누어서 3이 남으면 월요일, 4가 남으면 화요일, 나누어떨어지면 금요일입니다.

문제 어느 달의 1일이 수요일입니다. 그렇다면 그 달의 16일은 무슨 요일일까요? 또한 26일은 무슨 요일일까요?

실제로 달력을 그려보지 않아도 알겠네요.

이달은 7로 나누어서 1이 남으면 수요일이구나.

공배수와 최소공배수

아래의 표는 4와 6의 배수를 작은 순서대로 나열한 것입니다.

4의 배수	0	4	8	12	16	20	24	28	32	36…
6의 배수	0	6	12	18	24	30	36	42	48	…

　4분마다 출발하는 A마을행 버스와 6분마다 출발하는 B마을행 버스의 시간표라고 생각하면 됩니다. 표시를 한 수는 각각 4와 6의 공통의 배수입니다. 이렇게 몇 개의 수의 공통된 배수를 공배수라고 합니다. 이 표의 경우 0, 12, 24, 36, …이 4와 6의 공배수입니다.

　공배수 중 0을 제외한 가장 작은 수를 최소공배수라고 합니다. 이 경우 4와 6의 최소공배수는 12입니다.

　3개 이상의 수에 대해서도 공배수, 최소공배수를 생각할 수 있습니다. 공배수는 공통된 배수, 최소공배수는 0 이외의 가장 작은 공배수입니다.

문제 다음 수의 최소공배수는 무엇일까요?

　① 2와 3　　② 5와 10　　③ 10과 12　　④ 10과 15

　⑤ 7과 9　　⑥ 2와 3과 5　　⑦ 2와 3과 4

위와 같은 표를 작성해 보세요.

⑥ 힌트

2의 배수	2	4	6	8	10	12		
3의 배수	3	6	9	12	15	18		
5의 배수	5	10	15	20	25	30	35	40 …

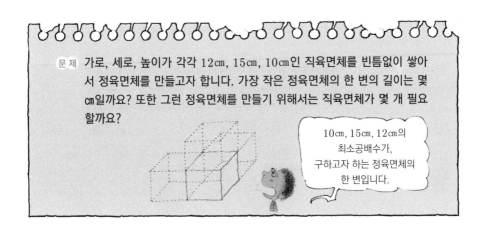

문제 가로, 세로, 높이가 각각 12cm, 15cm, 10cm인 직육면체를 빈틈없이 쌓아서 정육면체를 만들고자 합니다. 가장 작은 정육면체의 한 변의 길이는 몇 cm일까요? 또한 그런 정육면체를 만들기 위해서는 직육면체가 몇 개 필요할까요?

10cm, 15cm, 12cm의 최소공배수가, 구하고자 하는 정육면체의 한 변입니다.

톱니의 수가 10과 12인 2개의 톱니바퀴가 서로 맞물려서 돌고 있습니다. 지금 그림과 같이 ⒜와 ⒝의 톱니가 맞물렸습니다. 다음에 ⒜와 ⒝가 맞물리려면 각각 몇 바퀴 더 돌아야 할까요?

(a) 톱니가 10개   (b) 톱니가 12개

아래와 같은 표를 만들면 60이 10과 12의 최소공배수임을 알 수 있습니다.

■ 톱니바퀴가 회전했을 때 맞물리는 톱니의 수

회전수	0	1	2	3	4	5	6	7	8	⋯
A의 톱니바퀴	0	10	20	30	40	50	60	70	80	⋯
B의 톱니바퀴	0	12	24	36	48	60	72	84	96	⋯

1회전했을 때 움직이는 톱니의 수를 생각합니다. 10과 12의 최소공배수는 60입니다. A의 톱니바퀴가 6회전, B의 톱니바퀴가 5회전

했을 때 A와 B의 톱니가 만납니다. 그러고 보니 만 60세를 일컫는 환갑과 같은 수네요.

지금은 기원후라는 의미에서 서기라는 책력을 쓰고 있지만 옛날에는 십간십이지라는 책력을 썼습니다. 십간이라는 것은 갑, 을, 병, 정, 무, 기, 경, 신, 임, 계를 말하고, 십이지는 자, 축, 인, 묘, 진, 사, 오, 미, 신, 유, 술, 해를 말합니다. 십이지는 지금도 띠를 말할 때 많이 쓰입니다. 옛날에는 십간과 십이지를 조합해서 '올해는 병오년이니, 내년은 정미년이다'라는 식으로 말했습니다.

십간십이지로 보면 60년마다 같은 해가 됩니다. 앞의 톱니바퀴 예제와 비교해 볼까요?

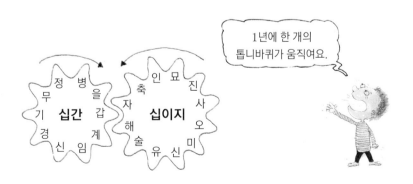

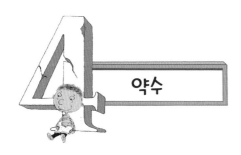

약수

모두 12예요.

12는 1, 2, 3, 4, 6, 12로 나누어떨어집니다.

이렇게 12가 어떤 수로 나누어떨어지면, 그 어떤 수를 12의 약수라고 합니다. 이를테면 12의 약수는 1, 2, 3, 4, 6, 12까지 전부 6개 있습니다.

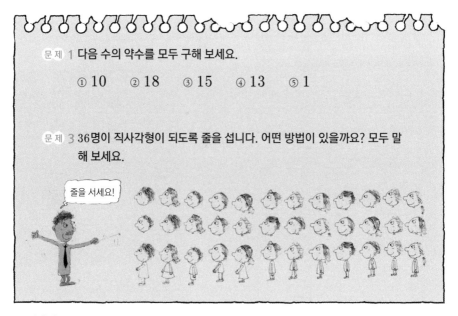

문제 1 다음 수의 약수를 모두 구해 보세요.

① 10   ② 18   ③ 15   ④ 13   ⑤ 1

문제 3 36명이 직사각형이 되도록 줄을 섭니다. 어떤 방법이 있을까요? 모두 말해 보세요.

줄을 서세요!

공약수와 최대공약수

12와 30의 약수를 모두 구해 보면 아래와 같습니다.

12의 약수   1 2 3 4 6 12

30의 약수   1 2 3 5 6 10 15 30

2개 이상의 수의 공통의 약수를 공약수라고 합니다. 12와 30의 약수를 보면 연하게 표시한 1, 2, 3, 6의 4개가 공통의 약수입니다. 즉 1, 2, 3, 6은 12와 30의 공약수입니다.

공약수 중 가장 큰 약수를 최대공약수라고 합니다. 따라서 12와 30의 최대공약수는 6입니다. 또 1은 항상 공약수입니다. 그리고 최대공약수가 1인 경우도 있습니다.

문제 1 다음 수의 약수와 최대공약수를 구해 보세요.

① 8과 10   ② 10과 15   ③ 5와 10   ④ 14와 15

⑤ 42와 49   ⑥ 21과 10   ⑦ 18과 24와 60

문제 2 어느 마을의 *A*역과 *C*우체국까지의 거리는 690m 입니다. *C*우체국에서 *B*역까지는 390m 입니다. 우체국과 *A*, *B*역 사이에 같은 간격으로 나무를 심기로 했습니다. 나무의 수를 가장 적게 하기 위해서는 몇 m 마다 심으면 될까요?

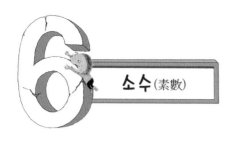

소수(素數)

11의 약수는 1과 11밖에 없습니다. 이렇게 약수가 1과 자신밖에 없는 수를 소수라고 합니다. 그런데 1은 약수가 1밖에 없으므로 소수가 아닙니다. 2, 3, 5, 7은 소수입니다.

4의 약수는 1과 4뿐만 아니라 2도 있으므로 소수가 아닙니다. 즉, 4=2×2로 나타낼 수 있습니다. 이렇게 1 이외의 곱셈의 곱으로 나타낼 수 있는 수를 합성수(비소수)라고 합니다. 1 이외의 소수가 아닌 수는 모두 합성수입니다.

1에서 60까지는 아래의 그림에서 알 수 있듯이 소수가 모두 17개 있습니다.

1에서 60까지의 소수(지우지 않은 수)

~~1~~	2	3	~~4~~	5	~~6~~	7	~~8~~	~~9~~	~~10~~
11	~~12~~	13	~~14~~	~~15~~	~~16~~	17	~~18~~	19	~~20~~
~~21~~	~~22~~	23	~~24~~	~~25~~	~~26~~	~~27~~	~~28~~	29	~~30~~
31	~~32~~	~~33~~	~~34~~	~~35~~	~~36~~	37	~~38~~	~~39~~	~~40~~
41	~~42~~	43	~~44~~	~~45~~	~~46~~	47	~~48~~	~~49~~	~~50~~
~~51~~	~~52~~	53	~~54~~	~~55~~	~~56~~	~~57~~	~~58~~	59	~~60~~

＼ : 2의배수   ／ : 3의배수   ― : 5의배수 | : 7의배수

7의 배수까지 지우면 되는구나.

앞의 표에서는 1에서 60까지의 수를 적고 2의 배수, 3의 배수, 5의 배수, 7의 배수를 지웠습니다(2, 3, 5, 7, 즉 자신은 지우지 않습니다).

문제 120까지의 소수를 위의 방법으로 찾아보세요. 전부 몇 개 있을까요?

(121보다 큰 소수를 찾기 위해서는 11, 13, …의 소수의 배수도 지울 필요가 있습니다. 그 이유는 무엇일까요?)

7 소인수분해

12=2×2×3과 같이 합성수인 12는 몇 개의 소수만의 곱(2×2×3)으로 나타낼 수 있습니다. 이것을 소인수분해라고 합니다. 여기서 2와 3은 12의 소인수입니다.

12=2×6인 경우, 6은 소수가 아니므로 소인수분해라고 할 수 없습니다. 또한 소수 자신도 소인수분해를 할 수 없습니다. 이를테면 소수 7을 소수의 곱으로 나타내려고 하면 7=1×7이 됩니다. 여기서 1은 소수가 아니기 때문에 소인수분해가 아닙니다.

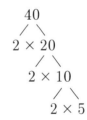

$$12 = 2 \times 2 \times 3 \qquad 30 = 2 \times 3 \times 5 \qquad 40 = 2 \times 2 \times 2 \times 5$$

문제 다음 수를 소인수분해해 보세요.

① 10 ② 24 ③ 60 ④ 27 ⑤ 32 ⑥ 120

인수 중에서 소수인 것을 소인수라고 하는데, 각각의 인수가 소수일 때 소인수분해라고 합니다.

어떤 수를 곱셈의 곱으로 나타낼 때, 각각의 수를 인수라고 합니다.

소수는 소인수분해를 할 수 없는 거죠?

소인수분해를 이용하면 최소공배수나 최대공약수를 쉽게 구할 수 있습니다. 이를테면 40과 48이 있을 때, 다음과 같이 소인수분해를 할 수 있습니다.

$40 = \boxed{2 \times 2 \times 2} \times 5$ → 2와 3이 한 개 부족하다

$48 = \boxed{2 \times 2 \times 2} \times 2 \times 3$ → 5가 부족하다

40과 48에 공통으로 있는 2×2×2=8이 최대공약수이다.

40×2×3과 48×5는 모두 240이므로 이것이 최소공배수입니다.

40과 48의 공통의 약수(공약수)는 2, 2×2, 2×2×2 이렇게 3개 있다는 사실을 한눈에 알 수 있습니다. 물론 2×2×2=8이 최대공약수입니다.

$240(2 \times 2 \times 2 \times 2 \times 3 \times 5)$은 $40(2 \times 2 \times 2 \times 5)$의 배수이고,

또한 $48(2 \times 2 \times 2 \times 2 \times 3)$의 배수이므로 공배수입니다.

그리고 이보다 작은 공배수가 없으므로 240은 최소공배수입니다.

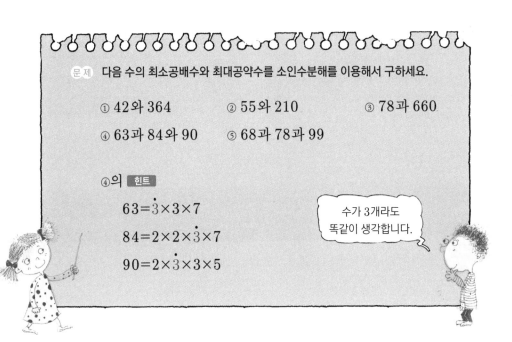

문제 다음 수의 최소공배수와 최대공약수를 소인수분해를 이용해서 구하세요.

① 42와 364   ② 55와 210   ③ 78과 660

④ 63과 84와 90   ⑤ 68과 78과 99

④의 힌트

$$63 = \overset{\cdot}{3} \times 3 \times 7$$

$$84 = 2 \times 2 \times \overset{\cdot}{3} \times 7$$

$$90 = 2 \times \overset{\cdot}{3} \times 3 \times 5$$

수가 3개라도 똑같이 생각합니다.

40과 48을 각각 소인수분해하면 다음과 같습니다.

$$40 = 2 \times 2 \times 2 \times 5$$

$$48 = 2 \times 2 \times 2 \times 2 \times 3$$

여기서 40×48을 생각하면, 그 답은 최대공약수와 최소공배수의 곱임을 알 수 있습니다.

$$40 \times 48 = (2 \times 2 \times 2 \times 5) \times (2 \times 2 \times 2 \times 2 \times 3)$$
$$= (2 \times 2 \times 2) \times (2 \times 2 \times 2 \times 2 \times 3 \times 5)$$
$$= 8 \times 240 = (최대공약수) \times (최소공배수)$$

'곱'이란 곱셈의 결과라는 뜻입니다.

2개의 수일 때는 항상 이런 관계가 성립합니다.

그렇다면 3개의 수 a, b, c에 대해서도
$a \times b \times c = (최대공약수) \times (최소공배수)$일까요?
10, 15, 20을 생각해 보면
$10 = 2 \times 5, 15 = 3 \times 5, 20 = 2 \times 2 \times 5$
이므로 최대공약수는 5, 최소공배수는 $2 \times 2 \times 3 \times 5 = 60$입니다.
이것으로 (최대공약수)×(최소공배수)=5×60=300
한편 3개의 수를 곱하면 10×15×20=3000
이므로 위의 관계가 성립하지 않습니다.

3개의 수일 때는 반드시 성립한다고 할 수 없군요.

3과 7은 모두 소수입니다. 3과 7의 공약수는 1개밖에 없으므로 최대공약수도 1개입니다.

2개의 수에서는 3×7=(최대공약수)×(최소공배수)=1×21이 성립하므로, 최소공배수는 21입니다.

$3 \times 7 = 1 \times$ (최소공배수)

↑ 최대공약수

3개의 소수일 때도 같을까요?

앞쪽과 같습니다.

그렇다면 3개의 소수일 때는 어떨까요? 이를테면 3과 7과 11을 생각해 봅시다. 3과 7과 11의 최대공약수는 1이고, 최소공배수는 3×7×11=231입니다.

즉 3×7×11=1×231…(최대공약수)×(최소공배수)라는 관계가 성립합니다.

3, 7, 11

3개의 수가 모두 소수라면 성립하는군요.

소수는 소인수분해를 할 수 없기 때문입니다.

문제 다음 수의 최소공배수와 최대공약수는 각각 얼마일까요?

① 5와 7   ② 8과 11   ③ 8과 18

④ 2와 3과 7   ⑤ 3과 8과 11   ⑥ 2와 6과 13

반복이 있는 나눗셈

10000÷3을 생각해 볼까요? 이 나눗셈의 몫은 3333이고 나머지는 1입니다.

10, 100, 1000, 10000, 100000, …을 3으로 나누면 몫은 항상 3이 나열되고, 나머지는 1입니다.

이렇게 몫의 수가 반복될 때는, 중간까지 계산하면 그 답을 알 수 있습니다.

이 경우 나머지가 1이므로 처음의 수에서 1을 뺀 9, 99, 999, 9999, 99999, …는 3으로 나누어떨어진다는 것을 알 수 있습니다.

반복되는 부분이 떨어져서 나타나는 일도 있습니다. 이를테면 1000000÷11을 생각하면, 몫은 90909로 9와 0이 차례로 반복되어 나타나고 나머지는 1입니다.

100, 10000, 1000000, …처럼 1 다음에 0이 짝수 개 나열된 수를 11로 나누면 몫은 9와 0이 반복되고, 나머지는 1이 됩니다. 이것으로 처음의 수에서 1을 뺀 99, 9999, 999999, …. 이처럼 9가 짝수 개 나열된 수는 11로 나누어떨어진다는 것을 알 수 있습니다.

9가 홀수 개 나열된 수는 11로 나누어떨어지지 않습니다.

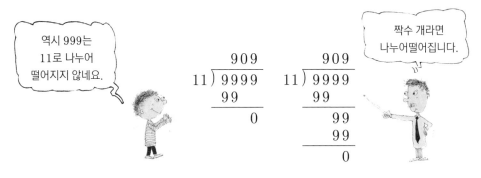

1000000000000처럼 1의 뒤에 0이 12개 나열된 수를 7로 나누어 봅시다.

재미있는 덧셈

지금으로부터 200년 전, 독일의 한 초등학교에 가우스라는 소년이 있었습니다. 어느 날 선생님께서 '1에서 100까지의 수를 전부 더하면 얼마가 됩니까?'라는 문제를 내자, 그는 스스로 생각해낸 방법으로 바로 풀었다고 합니다. 가우스(1777~1855년)는 후에 세계적인 수학·물리학자가 되었습니다.

> 벌써 풀었나요?

가우스는 이 문제를 어떻게 풀었을까요? 어릴 때부터 계산이 빨라서 금방 더한 것일까요? 아닙니다. 그렇지 않았습니다.

먼저 1에서 10까지의 합을 생각해 봅시다.

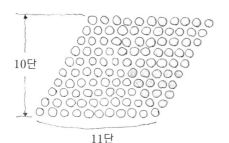

10단
11단

●의 개수가 구하고자 하는 합.
○의 개수는 ●의 개수와 같다.
●와 ○을 합한 수는 11×10=110
이므로, 구하고자 하는 ●의 개수는
110÷2=55

이렇게 1에서 10까지의 합은 $(10+1)×10÷2=55$로 구할 수 있습니다.

1에서 100까지의 합도 마찬가지로 생각하면

$$1+2+3+\cdots+99+100=(100+1)×100÷2=5050$$

이런 간단한 계산으로 답을 구할 수 있습니다.

> 이런 계산도 간단하게 할 수 있습니다.

문제 **다음 수의 합을 구하세요.**

① $1+2+3+\cdots+49+50=$

② $1+2+3+\cdots+999+1000=$

홀수끼리의 덧셈에는 불가사의한 성질이 있습니다.

$\underbrace{1}_{1개}=1×1$

$\underbrace{1+3}_{2개}=4=2×2$ ← 같은 수끼리

$\underbrace{1+3+5}_{3개}=9=3×3$ ← 같은 수끼리

$\underbrace{1+3+5+7}_{4개}=16=4×4$ ← 같은 수끼리

$\underbrace{1+3+5+7+9}_{5개}=25=5×5$ ← 같은 수끼리

> 1에서 시작하는 홀수의 덧셈의 합은 같은 수끼리의 곱셈의 곱과 같습니다.

4, 9, 16, 25와 같이 같은 수끼리의 곱으로 된 수를 제곱수라고 합니다. $1=1×1$이므로 1도 제곱수입니다.

1부터 순서대로 홀수만을 더하면 왜 제곱수가 될까요? 아래의 그림을 보면 쉽게 이해할 수 있습니다.

이 그림을 보고 잘 생각해 보세요.

바깥쪽으로 한 줄 늘리면 ○는 항상 2개씩 늘어나므로 늘 홀수인 거지.

○는 정사각형으로 나열되어 있으므로 ○의 수는 제곱수로군요.

$1 + 3 + 5 + \cdots + 97 + 99$는 50개의 홀수의 덧셈이므로 그 합은 $50 \times 50 = 2500$이 됩니다.

> 문제 1에서 1000까지의 홀수를 전부 더하면 그 합은 얼마일까요?

그렇다면 $2+4$, $2+4+6$, $2+4+6+8, \cdots$과 같이 짝수만으로 된 합은 얼마일까요? 흑백의 돌을 이용해서 생각하면 뒷장에 나와 있는 그림과 같이 됩니다.

이렇게 나열하면 돌의 수가 다음과 같이 된다는 사실을 알 수 있습니다.

$$(4+1) \times 4 = 5 \times 4 = 20$$

마찬가지로 1에서 100까지의 짝수의 합은

$$2+4+6+\cdots+98+100 = (50+1) \times 50 = 2550$$

이 됩니다.

1에서 100까지의 합은 5050이었습니다(139쪽). 그리고 1에서 100까지의 홀수의 합은 2500이었습니다. 전부의 합에서 홀수의 합을 빼면 짝수의 합이 됩니다.

$5050 - 2500 = 2550$ … 여기서 위의 계산이 맞았다는 사실이 확인되었습니다.

생각하는 초등수학 수와 연산 이야기

수와 연산 끝~!

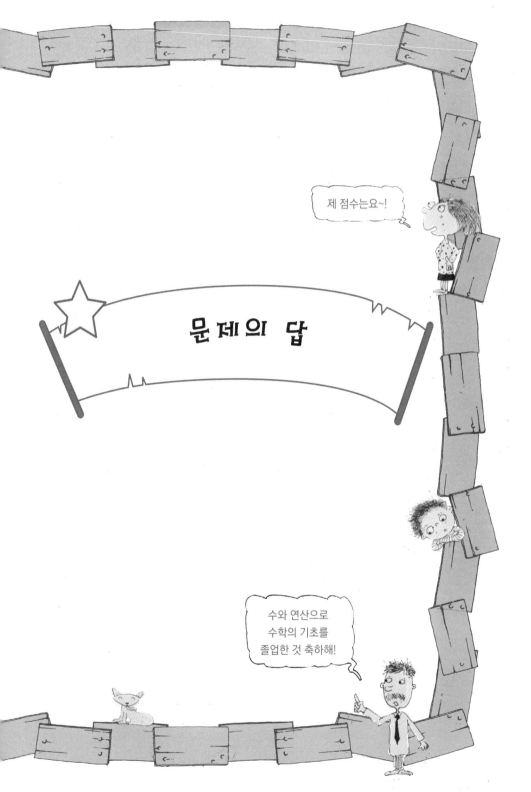

제 점수는요~!

문 제 의 답

수와 연산으로
수학의 기초를
졸업한 것 축하해!

문제의 답

 90개

1. ① 삼백팔십이 ② 구백구십구 ③ 삼백팔
   ④ 오백사십 ⑤ 이백십 ⑥ 칠백 ⑦ 백이
   ⑧ 백 ⑨ 백십 ⑩ 백이십삼
2. ① 365 ② 610 ③ 808 ④ 400 ⑤ 168

1. ① 구천구백구십구 ② 구천구십구 ③ 구천구백구
   ④ 구천구백구십 ⑤ 구천구 ⑥ 구천구십 ⑦ 구천구백
   ⑧ 구천 ⑨ 천이백삼십사 ⑩ 천삼백사십일 ⑪ 삼천사백십이
   ⑫ 사천백이십삼
2. ① 1977 ② 3000 ③ 8086 ④ 1700 ⑤

1. ① 구만 팔천칠백육십오 ② 사십삼만 이천백이십삼
   ③ 백삼십이만 칠천오백팔십이 ④ 구만 칠백오
   ⑤ 사십만 백이십삼 ⑥ 백삼십만
2. ① 457862 ② 407862 ③ 450062
   ④ 450002 ⑤ 450000 ⑥ 400000

34쪽 ① 5 ② 5 ③ 3 ④ 4

35쪽 ① 8 ② 8 ③ 8 ④ 8 ⑤ 7 ⑥ 9 ⑦ 9

36쪽 ① 14 ② 14 ③ 14 ④ 17 ⑤ 13 ⑥ 16
⑦ 15 ⑧ 18 ⑨ 15 ⑩ 14 ⑪ 10 ⑫ 18

38쪽 ① 5 ② 4 ③ 4 ④ 9 ⑤ 7 ⑥ 1

40쪽 ① 98 ② 89 ③ 54 ④ 88 ⑤ 79
⑥ 84 ⑦ 93 ⑧ 70 ⑨ 39 ⑩ 59

41쪽 ① 888 ② 397 ③ 589 ④ 647 ⑤ 888
⑥ 769 ⑦ 901 ⑧ 66666 ⑨ 3979

43쪽 ① 81 ② 82 ③ 94 ④ 98 ⑤ 60
⑥ 80 ⑦ 50 ⑧ 48 ⑨ 31 ⑩ 72

44쪽 ① 486 ② 594 ③ 852 ④ 917
⑤ 630 ⑥ 791 ⑦ 258 ⑧ 241

45쪽 ① 829 ② 759 ③ 926 ④ 540 ⑤ 602
⑥ 538 ⑦ 407 ⑧ 619 ⑨ 805 ⑩ 168

46쪽 ① 725 ② 833 ③ 841 ④ 940 ⑤ 901
⑥ 870 ⑦ 321 ⑧ 180 ⑨ 102 ⑩ 700

48쪽 ① 2 ② 2 ③ 1 ④ 1 ⑤ 1
⑥ 5 ⑦ 2 ⑧ 6 ⑨ 5 ⑩ 5 ⑪ 3 ⑫ 1
⑬ 1 ⑭ 2 ⑮ 2 ⑯ 4 ⑰ 4 ⑱ 4 ⑲ 3 ⑳ 3

49쪽 1. ① 6 ② 6 ③ 5 ④ 5 ⑤ 6 ⑥ 9 ⑦ 5
2. ① 9 ② 9 ③ 9 ④ 8 ⑤ 6

50쪽 ① 6 ② 8 ③ 6 ④ 8 ⑤ 10 ⑥ 0 ⑦ 3

52쪽 ① 15−7=8(명) ② 13−7=6(마리) ③ 11−8=3(살)
④ 13−6=7(척) ⑤ 10−3=7(문제) ⑥ 18−2=16(명)

53쪽 ① 0 ② 0 ③ 2 ④ 9 ⑤ 1
⑥ 3 ⑦ 0 ⑧ 4 ⑨ 0 ⑩ 10

54쪽 ① 15 ② 12 ③ 34 ④ 20 ⑤ 5 ⑥ 43
⑦ 10 ⑧ 6 ⑨ 0 ⑩ 86 ⑪ 50 ⑫ 90

55쪽 ① 842 ② 242 ③ 112 ④ 170 ⑤ 350
⑥ 404 ⑦ 73 ⑧ 206 ⑨ 233 ⑩ 835
⑪ 500 ⑫ 1221 ⑬ 7140 ⑭ 943 ⑮ 5131

56쪽 ① 23 ② 16 ③ 59 ④ 49 ⑤ 72
⑥ 29 ⑦ 34 ⑧ 15 ⑨ 3
⑩ 3 ⑪ 4 ⑫ 28 ⑬ 33 ⑭ 71 ⑮ 58 ⑯ 39

57쪽 ① 763 ② 249 ③ 637 ④ 322 ⑤ 201
⑥ 34 ⑦ 57 ⑧ 66 ⑨ 105 ⑩ 5
⑪ 963 ⑫ 513 ⑬ 807 ⑭ 339 ⑮ 608

58쪽 ① 637 ② 233 ③ 342 ④ 231 ⑤ 580
⑥ 340 ⑦ 37 ⑧ 74 ⑨ 41 ⑩ 70
⑪ 80 ⑫ 261 ⑬ 755 ⑭ 820 ⑮ 90

59쪽 ① 623 ② 69 ③ 42 ④ 353 ⑤ 91
⑥ 596 ⑦ 778 ⑧ 85 ⑨ 92 ⑩ 183
⑪ 196 ⑫ 93 ⑬ 677 ⑭ 49 ⑮ 99

61쪽 ① 6377 ② 879 ③ 91 ④ 1003 ⑤ 2949
⑥ 2964 ⑦ 7436 ⑧ 1245 ⑨ 4455
⑩ 1997 ⑪ 63637 ⑫ 520149

72쪽 ① 48 ② 39 ③ 55 ④ 69 ⑤ 36 ⑥ 88
⑦ 99 ⑧ 90 ⑨ 90 ⑩ 10 ⑪ 0 ⑫ 0

73쪽 ① 846 ② 648 ③ 963 ④ 448 ⑤ 999 ⑥ 555
⑦ 309 ⑧ 480 ⑨ 800 ⑩ 803 ⑪ 100 ⑫ 0

75쪽 ① 328 ② 455 ③ 159 ④ 168 ⑤ 180 ⑥ 100

76쪽
1. ① 222 ② 162 ③ 192 ④ 595 ⑤ 192
⑥ 365 ⑦ 60 ⑧ 150 ⑨ 320 ⑩ 420
⑪ 612 ⑫ 351 ⑬ 528 ⑭ 304
⑮ 126 ⑯ 120 ⑰ 210 ⑱ 600 ⑲ 200 ⑳ 100

2. ① 1864 ② 1284 ③ 2769 ④ 4206 ⑤ 5680
⑥ 5600 ⑦ 472 ⑧ 872 ⑨ 820 ⑩ 546
⑪ 822 ⑫ 720 ⑬ 3492 ⑭ 2277 ⑮ 4320
⑯ 1230 ⑰ 1047 ⑱ 5120 ⑲ 3000 ⑳ 6208
㉑ 2004 ㉒ 1100 ㉓ 11106

79쪽 ① 13392 ② 8442 ③ 8400 ④ 8640 ⑤ 288
⑥ 240 ⑦ 98 ⑧ 46 ⑨ 660 ⑩ 682

80쪽 ① 5616 ② 82365 ③ 19344 ④ 39220 ⑤ 46400
⑥ 3496 ⑦ 1692 ⑧ 469 ⑨ 29440 ⑩ 37800
⑪ 48000 ⑫ 3500 ⑬ 180

82쪽

1. ① 51516   ② 39483   ③ 89946   ④ 168032   ⑤ 129870

 ⑥ 305349   ⑦ 809424   ⑧ 151970   ⑨ 731826   ⑩ 244080

 ⑪ 49200   ⑫ 173673   ⑬ 135900   ⑭ 346500   ⑮ 5632

 ⑯ 17696   ⑰ 2032

2. ① 55×8=440(명)

 ② 1950×12=23400(원)

  1다스는 12자루이므로 12×12=144(자루)

 ③ 300×5=1500   450×12=5400

  10000−1500−5400=3100(원)

 ④ 34800×2=69600   17400×2=34800

  69600+34800=104400(원)

 ⑤ 12×37=444(km)

  1150×37=42550(원)

83쪽

1. ① 424320   ② 111300   ③ 27000   ④ 284886   ⑤ 46410

 ⑥ 308380   ⑦ 121800   ⑧ 59500   ⑨ 72000   ⑩ 560000

85쪽

365×24×60×60=31536000(초)

86쪽

① 364   ② 1825   ③ 240   ④ 1000   ⑤ 120

91쪽

① 8÷4=2(m)   ② 12÷3=4(개)

③ 12÷3=4(km)   ④ 12÷4=3(장)

92쪽 ① 15÷3=5(개)   ② 20÷4=5(명)   ③ 300÷50=6(장)

95쪽 ( ) 안의 수는 나머지입니다.

① 3(6) ② 4(4) ③ 4(4) ④ 8(8) ⑤ 1(6) ⑥ 1(3)

⑦ 9(5) ⑧ 7(2) ⑨ 7(1) ⑩ 7(5) ⑪ 5(1) ⑫ 6(1)

⑬ 7 ⑭ 6 ⑮ 7 ⑯ 5 ⑰ 3 ⑱ 4 ⑲ 9 ⑳ 8 ㉑ 6 ㉒ 7

㉓ 8 ㉔ 5 ㉕ 6 ㉖ 7 ㉗ 5 ㉘ 1 ㉙ 1 ㉚ 1

96쪽 ( ) 안의 수는 나머지입니다.

① 0(5) ② 0(8) ③ 0(1) ④ 0(4) ⑤ 0 ⑥ 0

98쪽 ( ) 안의 수는 나머지입니다.

1. ① 23(3) ② 26(1) ③ 28(2) ④ 13(2) ⑤ 13(3)

   ⑥ 12(2) ⑦ 14 ⑧ 13 ⑨ 14 ⑩ 12

   ⑪11 ⑫ 22(2) ⑬ 22(1) ⑭ 43 ⑮ 11

   ⑯ 23 ⑰ 20(2)

2. ① 20(1) ② 10(6) ③ 10(2) ④ 20 ⑤ 10

   ⑥ 50 ⑦ 10

100쪽 ( ) 안의 수는 나머지입니다.

1. ① 185(3) ② 285(1) ③ 367(1) ④ 328(2) ⑤ 212

   ⑥ 156(2) ⑦ 154 ⑧ 158(1) ⑨ 131(3) ⑩ 112(1)

   ⑪ 133(1) ⑫ 121(3) ⑬ 111 ⑭ 111

100쪽

2. ① 207(2) ② 102(5) ③ 107 ④ 109(4) ⑤ 101

⑥ 101(2) ⑦ 404 ⑧ 202 ⑨ 290(1) ⑩ 210(2)

⑪ 120(5) ⑫ 220 ⑬ 200(2) ⑭ 100(5) ⑮ 400(1)

⑯ 300 ⑰ 100

101쪽

( ) 안의 수는 나머지입니다.

① 67(1) ② 97(4) ③ 88(1) ④ 61(1) ⑤ 82

⑥ 60(3) ⑦ 50(1) ⑧ 60(6) ⑨ 80 ⑩ 40

102쪽

( ) 안의 수는 나머지입니다.

① 2(21) ② 2(6) ③ 2(11) ④ 2 ⑤ 2(2)

⑥ 2(4) ⑦ 2(2) ⑧ 3 ⑨ 5(1) ⑩ 2(3)

103쪽

( ) 안의 수는 나머지입니다.

① 1(25) ② 1(36) ③ 2(3) ④ 5(2) ⑤ 4

⑥ 3(10) ⑦ 6 ⑧ 5(2) ⑨ 5(1) ⑩ 4(15)

104쪽

( ) 안의 수는 나머지입니다.

1. ① 6(1) ② 8 ③ 8(1) ④ 6(18) ⑤ 3(14)

⑥ 6(5) ⑦ 5(1) ⑧ 6(21) ⑨ 7(66) ⑩ 5(25)

2. ① 9(11) ② 9(30) ③ 9(43) ④ 9(6) ⑤ 9

⑥ 7(37) ⑦ 8(5) ⑧ 8(3) ⑨ 7(4) ⑩ 6(13)

105쪽 ( ) 안의 수는 나머지입니다.

① 35(6) ② 15(17) ③ 26(3) ④ 21(9) ⑤ 26(4),

⑥ 12(11) ⑦ 18(12) ⑧ 78(5) ⑨ 26 ⑩ 42(10),

⑪ 20(5) ⑫ 31(9) ⑬ 30 ⑭ 44(8) ⑮ 22(20) ⑯ 50

107쪽 ( ) 안의 수는 나머지입니다.

① 796(9) ② 473(2) ③ 429(9) ④ 282(21)

⑤ 148(21) ⑥ 232(4) ⑦ 154(7) ⑧ 164(24)

⑨ 220(14) ⑩ 130(12) ⑪ 150 ⑫ 220

⑬ 202(12) ⑭ 101(42) ⑮ 308 ⑯ 203

⑰ 200(13) ⑱ 300(12) ⑲ 200 ⑳ 200

㉑ 12(46) ㉒ 44(9) ㉓ 62(38) ㉔ 23(44)

㉕ 66(9) ㉖ 40(3) ㉗ 50(4) ㉘ 81

108쪽 ( ) 안의 수는 나머지입니다.

① 1256(48) ② 631(17) ③ 226(34) ④ 1133(66),

⑤ 1683(16) ⑥ 202(2) ⑦ 3076(12) ⑧ 30111(16)

109쪽 ~ 110쪽

( ) 안의 수는 나머지입니다.

1. ① 142(96) ② 712(78) ③ 196(270) ④ 444(192)

⑤ 1429(253) ⑥ 156(372) ⑦ 83 ⑧ 101

⑨ 460(250) ⑩ 99

2. ① 98÷4=24 나머지 2 (답: 24㎡)

   ② 10350000÷606=17079 나머지 126 (답: 17079명)

      560000÷1848=303 나머지 56 (답: 303명)

   ③ 48000000÷99585=482 나머지 30 (답: 482명)

   ④ 2시간 15분=60분×2+15분=135분

      135분=60초×135=8100초

      42200m÷100m=422 → 구간으로 나눈다.

      8100÷422=19 나머지 82 (답: 19초)

 112쪽

① 43에서 7을 6번 빼면 차는 1 : 몫 6, 나머지 1

② 120에서 45를 2번 빼면 차는 30 : 몫 2, 나머지 30

③ 2400에서 500을 4번 빼면 차는 400 : 몫 4, 나머지 400

④ 100에서 25를 4번 빼면 차는 0 : 몫 4, 나머지 0

⑤ 365에서 30을 12번 빼면 차는 5 : 몫 12, 나머지 5

116쪽

① 5 또는 0

② 2단의 일의 자리 : 0, 2, 4, 6, 8

   4단의 일의 자리 : 0, 2, 4, 6, 8

   8단의 일의 자리 : 0, 2, 4, 6, 8

③ 3단의 일의 자리 : 0, 1, 2, 3, 4, 5, 6, 7, 8, 9

   1의 단, 7의 단, 9의 단.

④ 1씩 작아진다.

117쪽

① 120, 10, 105, 0   ② 0 또는 5

③ 양쪽 다 5의 배수가 됩니다.   ④ 5의 배수가 됩니다.

(1) 짝수 : 18, 2016, 52, 2, 88

홀수 : 103, 5, 1977

(2) 0, 2, 4, 6, 8 중 하나

(3) ① 짝수(문제 변경; 짝수+짝수) ② 짝수 ③ 홀수

④ 짝수 ⑤ 짝수 ⑥ 짝수 ⑦ 짝수 ⑧ 홀수

720, 99, 108, 999

1. ① 3+6+5=14

14÷3=4 나머지 2

같은 방법으로

② 0 ③ 0 ④ 2 ⑤ 0

2. 100은 4로 나누어떨어지므로 100의 배수도 4로 나누어떨어집니다. 그러므로 100보다 작은 수가 나누어떨어지면 전체도 4로 나누어떨어집니다.

16일은 16÷7=2 나머지가 2이므로 수, 목 (답: 목요일)

26일은 26÷7=3 나머지가 5이므로 수, 목, 금, 토, 일 (답: 일요일)

① 6 ② 10 ③ 60 ④ 30 ⑤ 63 ⑥ 30 ⑦ 12

124쪽

12, 15, 10의 최소공배수는 60이므로, 한 변이 60㎝인 정육면체를 만들면 됩니다. 따라서 가로, 세로, 높이를 각각

60(㎝)÷12(㎝)=5개

60(㎝)÷15(㎝)=4개

60(㎝)÷10(㎝)=6개

나열하면 됩니다. 직육면체의 상자는 최소 5×4×6=120(개) 필요합니다.

126쪽

1. ① 1, 2, 5, 10　　② 1, 2, 3, 6, 9, 18

　　③ 1, 3, 5, 15　　④ 1, 13　　　⑤ 1

2. 가로 세로를 각각 1명과 36명, 2명과 18명, 3명과 12명, 4명과 9명, 6명과 6명, 9명과 4명, 12명과 3명, 18명과 2명, 36명과 1명, 이렇게 9가지 방법.

127쪽

1. ① 2　② 5　③ 5　④ 1　⑤ 7　⑥ 1　⑦ 6

2. 690과 390의 최대공약수를 구하면 됩니다. (답: 30m)

129쪽

60까지의 소수는 앞에 있는 대로 17개.

60에서 120까지의 소수는 61, 67, 71, 73, 79, 83, 89, 97, 101, 103, 107, 109, 113, 이렇게 13개. 모두 합하면 17+13=30개.

121까지의 소수를 생각합니다. 11의 배수를 지워 가면

11×2=22 … 2의 배수에서 지웠습니다.

11×3=33 … 3의 배수에서 지웠습니다.

11×10=110 … 2의 배수와 5의 배수에서 지웠습니다.

11×11=121 … 아직 지우지 않았으므로 지웁니다.

즉 121까지의 소수를 찾기 위해서는 11의 배수를 지워야 합니다. 이와 마찬가지로 생각하면 169까지의 소수를 찾기 위해서는 13×13=169이므로 13의 배수도 지워야 함을 알 수 있습니다.

 ① 10=2×5　　② 24=2×2×2×3　　③ 60=2×2×3×5

④ 27=3×3×3　　⑤ 32=2×2×2×2×2

⑥ 120=2×2×2×3×5

 ① 42=2×3×7

364=2×2×7×13 이므로 최소공배수는 1092, 최대공약수는 14

② 55=5×11

210=2×3×5×7 이므로 최소공배수는 2310, 최대공약수는 5

③ 78=2×3×13

660=2×2×3×5×11 이므로 최소공배수는 8580, 최대공약수는 6

④ 힌트에서 최소공배수는 1260, 최대공약수는 3

⑤ 68=2×2×17

78=2×3×13

99=3×3×11

따라서 최소공배수는 87516, 최대공약수는 1

134쪽 ① 35, 1   ② 88, 1   ③ 72, 2   ④ 42, 1   ⑤ 264, 1   ⑥ 78, 1

138쪽 ① 1275   ② 500500

139쪽 1에서 1000까지 500개의 홀수가 있으므로 500×500=250000

그러므로 합은 250000이 됩니다.

이제는 수학책도 '읽는' 분위기다. 서점에는 수학이야기를 담은 책들이 수두룩하다. 공부에는 왕도가 없다고 하는데, 그래도 뭔가 달라지기는 달라진 모양이다. 숫자가 담긴 책들을 마치 동화책을 보듯이 읽어나간다. 수학이라면 무조건 어렵다거나 싫다는 아이도, 이렇게 접근한다면 길이 보일 것도 같다.

장래 무엇을 희망하는가에 따라 이과 문과를 선택한다. 비록 고등학교에 가서 선택한다고는 하지만, 더 일찍부터 그 성향에 맞는 공부를 하는 것이 우리의 실상이다. 너무했다고 생각될 만큼 초등학교 저학년 때부터 선행을 하고 심화과정을 공부하는 친구들도 있다. 솔직히 같은 또래의 아이를 키우는 엄마로서 부럽기도 하지만, 그런 성향이 아닌 자식을 마냥 밀어붙일 수는 없다. 단지 수학을 멀리하지 않기만을 바랄 뿐이다.

교육과정이 바뀌면서 '통합논술'이라는 말을 듣게 되고, 이제는 어떤 미래를 희망하더라도 수학을 더욱 무시하지 못하는 시대가 되

158 생각하는 초등수학 수와 연산 이야기

었다.

   수학책 번역은 두 번째의 일이다. 솔직히 조금 망설였다. 실은 3년 전에《수학의 원리》라는 책을 작업한 적이 있는데 참 힘들었다. 아무리 '읽는 책'이라고 해도, 번역이라고 해도, 숫자를 계산해야 했고 풀어봐야만 했기 때문이다. 수학은 역시 수학이다. 그래도 내가 이 책을 작업해보겠다고 뛰어든 것은 나에게도 이 책을 읽혀주고 싶은 아이가 있기 때문이다. 그것도 수학이라면 조금은 주눅이 들어 하는 우리 아이가 이 책을 읽어주기 바라는 엄마의 마음으로 작업에 임했다.

2007년 봄 옮긴이 고선율